短视频

基础知识与前期制作

筹备·拍摄·剪辑·案例

罗红兰◎主编

化学工业出版社
·北京·

内容简介

《短视频基础知识与前期制作：筹备·拍摄·剪辑·案例》一书，针对初学短视频制作的新手，由浅入深，帮助其从了解短视频开始，直到能创作出高质量的短视频作品。全书语言精练，内容翔实，实用性强。读者可以通过手机扫描封面前后勒口二维码观看教学视频。

本书主要适合短视频制作、运营人员与创业者，以及大中专院校学生等学习参考，既可以作为学员的培训手册，又可以作为学生的辅导教材。

图书在版编目（CIP）数据

短视频基础知识与前期制作：筹备·拍摄·剪辑·案例/罗红兰主编.—北京：化学工业出版社，2024.3（2024.10重印）

ISBN 978-7-122-45022-7

Ⅰ.①短… Ⅱ.①罗… Ⅲ.①视频制作 Ⅳ.①TN948.4

中国国家版本馆CIP数据核字（2024）第032771号

责任编辑：陈 蕾

责任校对：李雨晴

装帧设计：溢思视觉设计 E-mail: isstudio@126.com／程超

出版发行：化学工业出版社（北京市东城区青年湖南街13号 邮政编码100011）

印　　刷：北京云浩印刷有限责任公司

装　　订：三河市振勇印装有限公司

710mm×1000mm 1/16 印张$11^3/_4$ 字数187千字 2024年10月北京第1版第2次印刷

购书咨询：010-64518888　　售后服务：010-64518899

网　　址：http://www.cip.com.cn

凡购买本书，如有缺损质量问题，本社销售中心负责调换。

定　　价：58.00元

PREFACE 前言

随着新媒体技术的快速发展，5G 时代的到来，短视频迅速崛起，成为网络传播的主流。短视频之所以这么火，是因为它时长短，人们可以利用碎片化时间，如午休、饭后、公交车上，获得即时资讯。观看短视频成为众多网民茶余饭后的消遣娱乐方式之一，更催生了各企业新的短视频营销模式。这种新的营销模式成本低廉、目标精准、用户互动性强、消费者容易被“种草”，加上传播速度快且范围广，使得短视频的覆盖发展呈现出直线上升趋势。

短视频的营销能力是毋庸置疑的，随着短视频越来越火，很多企业在短视频营销的路上也走得越来越成功。短视频营销属于内容营销的一种，最重要的就是找到目标受众人群，通过选择目标受众人群，并向他们传播有价值的内容，吸引用户了解企业品牌、产品和服务，最终形成交易。

企业之所以看中短视频营销，一是因为其传播速度非常快，且目标消费者人群广，定位又精准，能引进“大流量”；二是制作成本低，消费者关注时间长；三是短视频创作完全可以实现自我定位，并围绕企业核心产出内容，快速响应热点事件并顺畅融合自身产品或服务，树立自身品牌形象；四是短视频的用户多位于二三线城市，有利于开拓下沉市场资源，培养消费者的消费习惯，投入少，效果佳。所以说，短视频在营销上，无论是从成本、受众、互动还是效果等多个方面都具有独特优势，既能很好地被接受，也能很好地为企业所用。正是看到短视频这些优势和发展势头强劲的巨大市场，各行各业都纷纷加入短视频运营的阵营中，进而也激发了行业对优秀人才的巨大需求。

基于此，“罗红兰电子商务名师工作室”领衔人罗红兰老师带领工作室团队成员编写了入门级《短视频基础知识与前期制作：筹备·拍摄·剪辑·案例》和中级版《短视频运营管理与实战指南：策划·制作·推广·变现》两本应用型实战工具书。其中，《短视频基础知识与前期制作：筹备·拍摄·剪辑·案例》主要包括“入门：从零开始加入短视频创作”“筹备：让你的短视频创作赢在起跑线”“定位：手把手教你打造自己的专属账号”“拍摄：掌握技巧轻松拍出大片范儿”“后期：后期制作打造经典作品”五部分内容。

本书主要有以下特色。

（1）本书从企业岗位需求出发，由浅入深地进行专业人才的培育。入门级针对新手，从短视频基础认知出发，教会“小白”进行高质量短视频的创作；中级版针对有一定基础的学员，教会大家从懂得短视频创作到擅长短视频的运营。

（2）读者可以扫描封面勒口二维码观看教学视频。想了解更多课程内容，学习或下载教学视频、教案等相关资源，可登录学习通网站，具体网址：https://mooc1.chaoxing.com/course-ans/courseportal/236506007.html。

（3）本书正文中适时地加入了“课程思语”专栏，使学生在掌握知识技能的同时，引导他们将实现个人价值与国家发展、民族复兴等紧密相连。

罗红兰老师作为主编，负责本书大纲、第三章的撰写，并确定了本书的编写体例和编写规范，负责对参编老师所编写内容进行统稿安排。王亚辉老师负责第一章内容的撰写，宋雅老师负责第二章内容的撰写，宋胜梅老师负责第四章内容的撰写，杨晨老师负责第五章内容的撰写。以上编写团队的教师，都是山西省晋中职业技术学院电子商务“双高”专业群骨干核心成员，曾获得山西省省级教学成果一等奖，建设有省级精品课程，完成若干省级及以上专业建设项目等。在编写本书过程中，笔者尽力做到理实一体，全面、准确呈现内容，但也不可避免地存在不足之处，恳请读者批评指正，以期不断提升本书质量。

本书在编写过程中得到晋中职业技术学院以及多方面人士的大力支持和帮助，在此深表谢意。

编者

CONTENTS 目录

第一章 入门：从零开始加入短视频创作

第四章　拍摄：掌握技巧轻松拍出大片范儿

第五章 后期：后期制作打造经典作品

第一章

入门：从零开始加入短视频创作

知识目标

1. 明确短视频的概念、特点、价值和类型。
2. 知道短视频的行业术语。
3. 熟知各热门短视频平台的特点。

技能目标

1. 运用专业知识，明确设定账号方向。
2. 分析短视频发展，清晰账号内容定位。
3. 按照各主流平台特色，给账号找到适合的平台。

课程目标

通过对短视频行业发展现状及趋势的了解，让学生真正体会到祖国的蓬勃发展、繁荣向上，提高学生的文化自信，提升民族自豪感和自信心，增强对国家的高度认同感、归属感、责任感和使命感。

学习引导

第一章 入门：从零开始加入短视频创作

- 重点　**第一节　认识短视频**（悉概念）
  - 一、什么是短视频
  - 二、短视频的特点
  - 三、短视频的价值
  - 四、短视频的类型
- 难点　**第二节　短视频的用户价值**（知用户）
  - 一、短视频用户群像
  - 二、短视频用户行为及习惯
  - 三、短视频用户内容偏好及需求
- 基础　**第三节　短视频的发展**（识发展）
  - 一、短视频的发展历程
  - 二、短视频的发展现状
  - 三、短视频的发展趋势
- 基础　**第四节　主流短视频平台**（知平台）
  - 一、抖音
  - 二、快手
  - 三、西瓜视频
  - 四、小红书
  - 五、哔哩哔哩
  - 六、微信视频号

案例导入

我就是这样的“小泥匠”

近段时间，晋中平遥县有一个捏泥人的短视频在网络上特别火，随手抓一团泥巴，随便一捏、一揉、一撮，一个活灵活现的人物形象就出来了，捏什么像什么。而且这位“小泥匠”就准备用这一手捏泥巴的手艺来宣传家乡平遥。

张荣，“80后”小伙，也是平遥县非物质文化遗产传承人，生活在平遥县的一个小村庄里，从小跟随父亲学习泥塑制作并向多位名师学习雕刻技艺，玩泥巴是他小时候最爱干的事儿，没想到这一玩竟弄出了点花样，他在家乡捏泥人已经十几年，给2万多人捏过人像。2012年他在平遥古城开设了自己的工作室，2015年，他成功申报为市级平遥泥人雕塑技艺代表性传承人，他说：“将秉承匠心，继续传承泥塑文化，让泥塑艺术发扬光大。”

在张荣的手中，大自然中随处可见的泥巴可以脱胎为一件件精美的艺术品。为了让非物质文化遗产走进大众生活，让更多的人了解泥塑文化，张荣经常在古城的大街小巷为市民和游客捏制人像。一把泥土、一根木签，一双巧手捏、搓、揉、刻，一会儿工夫，一个惟妙惟肖的泥塑人像就跃然眼前，张荣捏制的人物泥塑不仅形象，而且能抓准人物的神态，塑造出人物的“灵魂”。2020年开始，他把捏泥人的视频发布到网络上，通过短视频创作，“别让我遇见你，遇见你，我就能复制一个你”等系列小视频在网络上迅速走红，成功“吸粉”40多万人，浏览量最多的一条视频，吸引了4000多万人围观，张荣也成了网红“张泥人”，通过短视频的传播，也收获了来自全国各地的泥塑订单。

思考：

1. 观看“泥一夫”抖音账号的短视频作品，说说是怎么设定账号方向的？

2. 观看“泥一夫”抖音账号的短视频作品，说说是怎样进行内容定位的？

3. 观看“泥一夫”抖音账号和视频号账号，说说两个平台有什么区别？你建议还可以在哪些平台做账号？并说明原因。

4. 请说说如何运用短视频创作平台推广你家乡的“非物质文化遗产”？

第一节　认识短视频

短视频是新媒体时代基于互联网诞生的新型媒介形式，这种媒介形式因其自身的传播特点符合大众碎片化的使用习惯而迅速火爆，现在已经成为人们生活和娱乐中必不可少的一部分。

一、什么是短视频

短视频是指在各种新媒体平台上播放的、适合在移动状态和短时休闲状态下观看的、高频推送的视频内容，其时间为几秒到几分钟不等。内容融合了技能分享、幽默搞怪、时尚潮流、社会热点、街头采访、公益教育、广告创意、商业定制等主题。由于内容较短，可以单独成片，也可以成为系列栏目。

二、短视频的特点

短视频这几年深受国人喜爱，几乎网尽了所有年龄段的用户，为什么它得到那么多用户的喜爱？其实离不开如图 1-1 所示的几个特点。

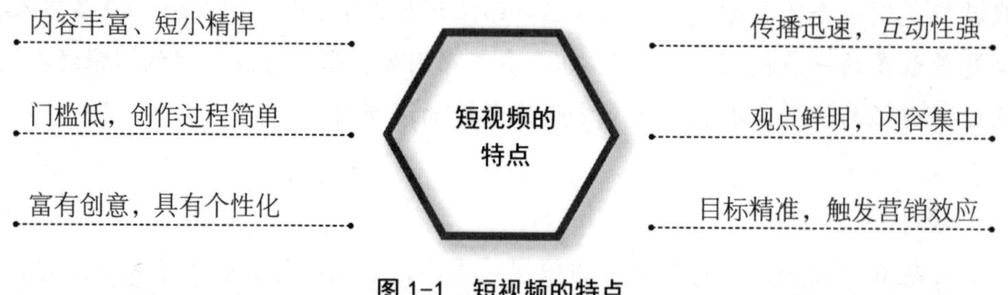

图 1-1　短视频的特点

1. 内容丰富、短小精悍

短视频的时长限制在 15 秒到 5 分钟之间，内容涵盖范围广，主要内容有幽默八卦、社会热点、技能分享、广告创意等，这些短视频短小精悍、题材多样、灵动有趣、娱乐性强，而且相较于传统媒体，短视频节奏更快，内容也更加紧凑，符合用户的碎片化阅读习惯，也更方便传播。

2. 门槛低，创作过程简单

传统的视频，对于非专业人员来讲要求较高，但是短视频对创作者门槛的要求则比较低。当然，低门槛并不一定代表低质量，而是代表着人人可参与到视频拍摄中来，有时只靠一部手机，就能完成短视频的拍摄、制作与上传。随着短视频的不断发展，越来越多的优质作品与中小团队化的制作人才纷纷涌现。

3. 富有创意，具有个性化

短视频的内容更加丰富，表现形式更加多元化，也更加符合当下年轻人的需求，用户可以运用充满个性和创造力的制作及剪辑手法创作出精美、有趣的短视频，以此来表达个人想法和创意。

4. 传播迅速，互动性强

短视频不只是制作流程简单，传播门槛也很低，传播渠道多样化，很容易实现裂变式传播与熟人间传播，可以轻松方便地实现在平台上分享自己制作的视频，以及观看、评论、点赞他人的视频，丰富的传播渠道拓展了短视频的传播力度、范围、交互性。

5. 观点鲜明，内容集中

在快节奏的生活方式下，人们在获取信息时习惯追求“短、平、快”的消费方式。短视频传递的信息观点鲜明、内容集中、丰富多样，更容易被观众理解和接受。

6. 目标精准，触发营销效应

和其他营销方式相比较，短视频营销可以更加精准地找到目标用户，使营销量更加客观。短视频平台通常会设置搜索框，对搜索引擎进行优化，而用户一般会在平台上搜索关键词，观众在搜索时候能够更加精准地找到自己想看的内容，同时，各大平台都有其独特的算法，能将商品更精准地推送给目标用户，促进营销量最大化。

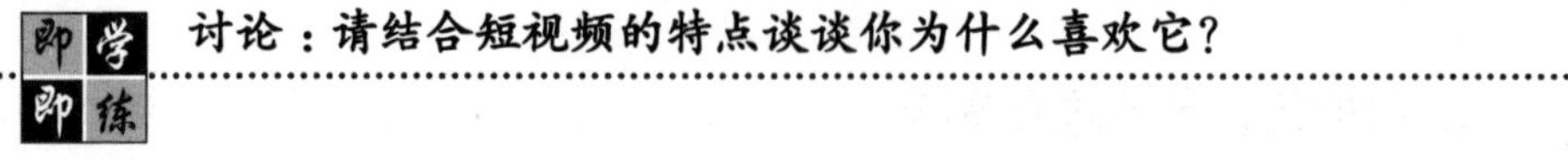

讨论：请结合短视频的特点谈谈你为什么喜欢它？

三、短视频的价值

如今，短视频已成为中国最火热的互联网应用之一。之所以如此火热，缘于其具有如图 1-2 所示的价值。

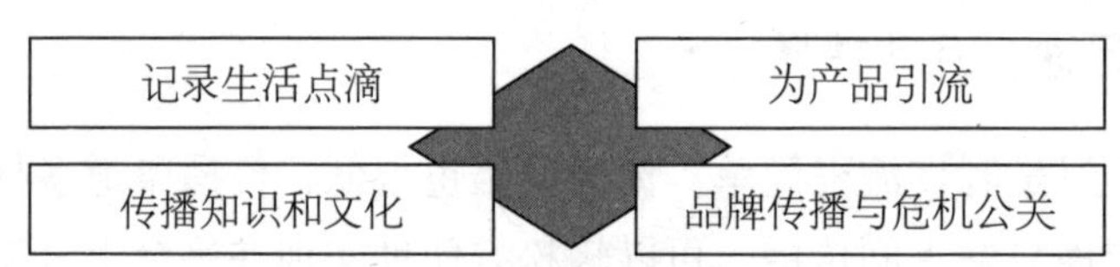

图 1-2　短视频的价值

1. 记录生活点滴

短视频打破了创作与观看的界限，日渐成为普通人记录生活日常的重要工具。

记录，就是不刻意地展示，而是看到的、捕捉到的、日常内容的分享。

生活，就是美好的事物，或者美好的瞬间，或者某个知识点等有价值的内容。

点滴，就是与人们日常相关的点点滴滴。

每一个短视频，都代表着作者的独特视角。人们在一个个短视频中，能看到柴米油盐，也能感受到喜怒哀乐。每个人的微小创作都可以被看见，从独享到共享，从独创到共创，从传播的可见到创新的可见，短视频照亮了每一个人生活。

2. 传播知识和文化

在视频平台发布的视频不仅能够迅速地记录和反映社会时事和突发性新闻，而且能够以灵活多样的方式传播天文、地理、健康、医疗、体育、文化等知识。

在推动全民学习型社会建设方面，视频社会化推动了知识共享平台的打造，借助视频类平台增长知识已经成为一种习惯，知识范畴涉及生活科普、人文社科、科学技术等诸多领域。视频日益成为文化传播的重要力量。

比如，平遥古城风景区为顺应短视频热潮，在抖音APP注册了官方账号，一经发布就“吸粉”点赞数万，传播的速度非常快。其主要讲述的内容是介绍和推广平遥古城文物知识和文创产品。

3. 为产品引流

海量的短视频流量，意味着无限的商机，不管你是企业主还是个人，都可以通过短视频来推广自己的品牌或服务。

比如，山西老陈醋素有“天下第一醋”的盛誉，已有3000余年的历史，以色、香、醇、浓、酸五大特征著称于世。山西某醋业股份有限公司，在抖音APP注册了官方账号，通过拍摄短视频的方式，讲解陈醋文化，推广企业品牌，让山西陈醋也搭乘上短视频的“顺风车”，走向全国乃至世界。

4. 品牌传播与危机公关

短视频可以帮助企业和个人进行品牌传播，企业或个人通过短视频清晰表达品牌内涵，展示自身的形象，并通过留言、私信等回复，与“粉丝”进行实时交流，快速消除影响，不让负面信息大量传播，缩小了与“粉丝”之间的距离。

在信息高速发展的今天，谁也不能预料哪个环节会出现问题，因此当事件发生后，短视频平台是一个很好的“发声利器”，是一个很好的公关阵地。

四、短视频的类型

短视频按其不同的分类标准，可分为不同的类型。

1. 按内容形式分类

按内容形式可将短视频分为短纪录片型、“网红”IP型、情景短剧型、技能分享型、创意剪辑型、随手分享型和精彩片断型几种类型，如表1-1所示。

表1-1　短视频按内容形式分类

序号	分类	具体说明
1	短纪录片型	这类短视频多数以时长较短的纪录片形式呈现，内容相对完整，制作也较为精良，且可能在其中插入广告宣传，时长一般为1～3分钟
2	“网红”IP型	这类短视频主要为在互联网上具有较高认知度的“网红”所制作并发布，内容一般较为贴近生活，但会根据“网红”所擅长的领域（如音乐、舞蹈、游戏、文艺、逗趣等）而有所差异，时长大概3分钟
3	情景短剧型	此类短视频的内容以创意或搞笑为主，时长视剧情内容而从十几秒到5分钟不等
4	技能分享型	此类短视频包括科普、旅游、美妆等内容的技能分享，时长大概1分钟
5	创意剪辑型	此类视频一般是在已有视频的基础上，利用剪辑技巧和创意，截取其中的片段，或加入特效，或加入解说、评论等元素制作而成，时长基本也在5分钟左右
6	随手分享型	此类视频一般是用户随手拍摄并上传的生活类记录视频，内容既可能是生活场景，也可能是自然风光、会议实录片段等，时长一般也为数秒到3分钟
7	精彩片断型	此类视频一般为影视剧、体育赛事的精彩片断，特别是某些剧热播期间，将该剧中相关视频画面分类剪辑，或是热门赛事前后，将某些比赛视频画面制作成GIF动图，时长一般为数秒至3分钟

2. 按内容生产方式分类

短视频按照生产方式可以分为PGC（专业生产内容）、PUGC（专业用户生产内容）、UGC（用户生产内容）三种，如表1-2所示。

表1-2　短视频按内容生产方式分类

序号	分类	具体说明
1	PGC	PGC生产者为专业机构，相较于其他两类生产方，其生产成本、专业度和技术要求均较高，具有强媒体属性特点，制作短视频时长为2～5分钟，一般通过海量优质内容吸引用户的关注和互动，一般这类人群活跃在西瓜视频、梨视频、好看视频等短视频平台

续表

序号	分类	具体说明
2	PUGC	PUGC 生产者指的是拥有“粉丝”基础或拥有某一领域专业知识的KOL（关键意见领袖），这类生产者的生产成本较低，主要依赖流量盈利，兼具社交属性和媒体属性。一般这类内容的生产者制作视频时长在 1 分钟左右，主要以故事情节作为视频的亮点。快手、抖音、抖音火山版等多为这类人群的首选短视频制作平台
3	UGC	UGC 生产者为非专业的普通用户，该类群体成本低、制作简单，因此也基本没有门槛，具有强社交属性特点。UGC 生产者的内容制作主要以表达个性自我为主，一般制作时长在 15 秒以内，代表性平台有抖音、快手和美拍等

即学即练

提问：你知道 PGC、PUGC、UGC 分别是哪些词的缩写吗？

课程思语

生活是美好的，我们要主动发现和感受生活的美好，要以积极的眼光发现和记录学习、生活中的美好事件及美好瞬间，关注自己的积极情绪情感，增加对生命的感悟，也能适当减少学习压力和焦虑的情绪。

第二节　短视频的用户价值

每个时代都有各自时期的新鲜产物。目前短视频行业成为最热门的信息传递方式及盈利变现方式之一。

短视频正在改变人们的生活，不再止于媒介社会中黏合碎片化时间的传播力量。过去几年，短视频逐渐建立起行业新秩序与良好的发展生态，边界拓宽、深度延展，在社会生活与产业结构中发挥着越来越多的连接赋能作用；它所承载的信息传播与服务、文化传播、娱乐与经济等多元化功能逐渐凸显。

一、短视频用户群像

1. 市场规模

在智能手机、移动互联网以及 5G 技术的发展推动下，我国短视频行业快速发展，市场格局逐渐稳定，用户覆盖率不断提高，增速开始减缓，市场规模持续上升。《中国网络视听发展研究报告（2023）》称，2022 年我国短视频市场规模为 2928.3 亿元。

未来我国短视频行业市场规模存在较大空间，2020 ~ 2022 年短视频行业市场规模将以较快的增长速度增长，年复合增长率在 44% 左右；2023 ~ 2025 年市场规模增速会有所放缓，但仍会保持 16% 的年复合增长率增长，2025 年中国短视频行业市场规模将有望接近 6000 亿元。

2. 用户规模

短视频这种新的传播形式顺应了移动互联网碎片化、去中心化传播的特点，以其丰富的内容类型和逐渐增强的社交属性，满足了互联网用户多样化的内容和社交需求，并逐渐发展成为互联网行业中的重要产业。

据《中国网络视听发展研究报告（2023）》显示，截至 2022 年 12 月，短视频用户规模达 10.12 亿，在整体网民中占比 94.8%，用户人均单日使用时长超过 2.5 小时。

3. 用户年龄结构

短视频用户结构趋于稳定，50 岁及以上用户占比自 2021 年快速提升后稳定在 1/4 以上。

短视频用户存量时代叠加“银发”时代，2022 年上半年，60 岁及以上短视频用户占比升至 11.7%，与网民结构中 12.0% 的老年用户占比接近。

年轻用户规模经历数年高增长后增速触顶，20 ~ 39 岁用户规模在保持增长的同时，占比较 2018 年下降超 15%。

4. 用户生活形态

短视频用户总体上注重健康与环保，享受生活；追求新知与进步，喜欢国货、关注消费价格；同时更加依赖网络社交。

从不同年龄阶段人群来看，20 ~ 29 岁“爬坡青年”生活压力和工作焦虑感突出，购物时对价格敏感；30 ~ 39 岁“进步阶层”既渴望追求新知，又热爱生活；50 ~ 59 岁“中年用户”生活品质较高，爱生活、爱交友、喜欢宠物；60 岁及以上的“退休一族”则仍抱有对新世界的期待，“活到老学到老”，爱养生、爱国货、喜欢货比三家。

提问：为什么近几年短视频行业发展迅速？

二、短视频用户行为及习惯

1. 用户观看场景

短视频持续渗透用户生活多元场景，黏合起用户起床、出行、排队、吃饭、上卫生间、睡前等碎片化时间，已成为用户生活中必不可少的媒介形式。

将短视频作为晚间“睡前伴侣”的用户占比趋稳于六成，午休时观看短视频的用户占比超四成；选择“排队或等候时”“乘坐交通工具时”“吃饭用餐时”“上卫生间时”观看短视频的用户占比均接近四成，也是活跃的观看和使用场景（图 1-3）。

此外，近 1/4 短视频用户在早上醒来后就会选择观看短视频；边看电视边刷短视频的用户占比连年上升，但较 2021 年增速趋缓。

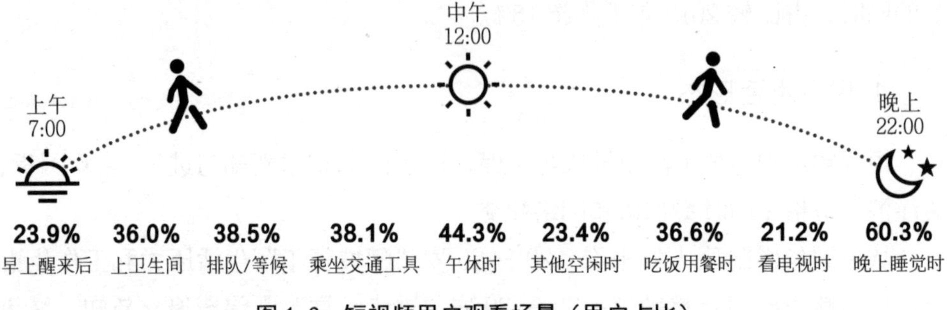

图 1-3 短视频用户观看场景（用户占比）

2. 用户观看渠道

短视频成为内容传播的“必备神器”，作为全渠道标配内容，用户观看短视频有了更多选择。

短视频网站 / 客户端是主要观看渠道，资讯平台、媒体网站 / 客户端也是很多用户的选择。微信视频号自上线以来，不断完善内容构建，实力“圈粉”；微博视频的内容也日益完善，逐渐获得年轻用户的青睐。

3. 用户观看目的

用户观看短视频动机趋向多元化，放松娱乐、知识获取是用户观看的主要目的，情感及社交需求也是观看动机之一。

4. 用户观看时长

短视频用户日均使用时长从 2021 年的 87 分钟增至 2022 年的 90 分钟，增速放缓。

过去半年，日均观看 1 小时以上的短视频用户占比升至 58.4%（2021 年为 56.5%）；其中，日均观看时长在 2 ~ 3 小时的用户占比连续四年增长，升至 16.0%。

5. 用户观看习惯

比起看别人分享的内容，近三成短视频用户更偏爱“刷到什么看什么”；对于主动选择内容观看的用户来说，他们更偏向看感兴趣的频道 / 垂类内容、查看热榜内容。

针对不同年龄段人群，30 ~ 39 岁用户更偏好看感兴趣的频道 / 垂类内容，TGI 指数值最高，达 118.0；“刷到什么看什么”的用户群体中，50 ~ 59 岁用户的 TGI 指数值最高。

提问：你知道 TGI 指数是什么意思吗？

6. 用户创作习惯

短视频平台在发展共创内容上为各赛道创作者提供丰富的激励措施，从一个潮流人群的产品，变成普通人记录生活，表达自己的平台，2018 ~ 2022 年，发布过自制短视频的用户比例从 28.2% 持续攀升至 46.9%。

用户制作 / 发布短视频仍以记录个人生活为主要内容;同时，发布表达“个人观点和看法”的短视频用户占比连续两年上升，更多用户有了表达自己意愿和分享生活的窗口。

7. 用户创作目的

生活记录、填补空闲时间、享受创作过程是用户创作的主要原因；成就感、自我展示及表达欲也驱动部分用户的创作欲；经济收益也激励近 1/4 的用户制作上传短视频。

三、短视频用户内容偏好及需求

1. 用户对内容的评价

短视频行业加速完善内容的生态建设，内容丰富、新颖有趣、更新及时是用户对短视频内容认同比例最高的三个评价项。重大 / 热点事件传播、内容实用性获得高度认同；深度性评价创新低、内容推荐仍是短板。

2. 用户对内容的偏好

生活技巧、生活记录、社会记录、自然地理 / 历史人文、知识科普这些实用性、知识性内容为“刚需”，而个人秀、幽默搞笑等内容偏好占比持续下降，购物分享、新闻、健康 / 养生等实用性内容用户关注度持续攀升。

3. 用户对内容的期待

短视频用户对泛知识、泛生活达人的期待稳居头部，自然地理、健康、政务、新闻、涉农、体育、数码科技、财经等垂直分类“达人”持续受到用户的关注。

4. 打动用户的因素

短视频内容“形式新颖、有趣好看”“令人感到放松愉快”“实用，对生活有帮助”是打动用户的主要因素。另外，用户对于“观点见解独特”“情节引人入胜”的短视频内容也愿意分享。

5. 内容的垂直分类

（1）新闻类短视频观看率整体提升，突发事件重夺用户注意力。资讯传播力进一步释放，法治、国际、军事、体育新闻的关注度大幅提升。

（2）近八成用户看过美食类短视频，用户最感兴趣的内容主要为美食烹饪 / 教学、美食测评、美食探店。

（3）近六成用户看过情感婚恋类短视频，情感解惑、轻松治愈是首要诉求。其中，低龄用户热衷于支持自己喜欢的屏幕情侣，中青年用户意在寻求情感共鸣和抚慰。

（4）短视频创新法治内容传播形式，点亮法治之光，线上专家交流、话题讨论为法治内容“破圈传播”创造了更多可能。近七成用户观看过法治类短视频，对法律知识科普、典型案例再现、法律观点表达有高偏好性。

（5）微短剧开辟“缩时社会”新赛道，近八成用户看过微短剧，都市生活类及喜剧类用户占比最高，其次是悬疑 / 犯罪、婚姻家庭、爱情、农村题材类内容。

课程思语

创新型的短视频内容满足用户的社交需求，强化了用户的社交欲望，短视频 + 内容创新对青少年的成长，人生观、价值观与世界观的形成产生重要影响。

第三节　短视频的发展

在众多网络应用中，短视频对网民吸引力最大，短视频成为仅次于即时通信的第二大网络应用，基于庞大的用户群体和使用范围，已经成为移动互联网时代重要的底层应用。

一、短视频的发展历程

中国短视频行业自 4G 网络开始普及后便实现高速发展，并且诞生了抖音、快手等数亿用户量级的平台，在移动互联网时代建立起强大的影响力。进入 2020 年，短视频行业已经进入沉淀期，新进入赛道的平台发展难度逐渐加大。而头部平台的规模优势显现，并且相继寻求资本化道路，行业竞争格局分明。

具体来说，短视频的发展经历了如图 1-4 所示的四个阶段。

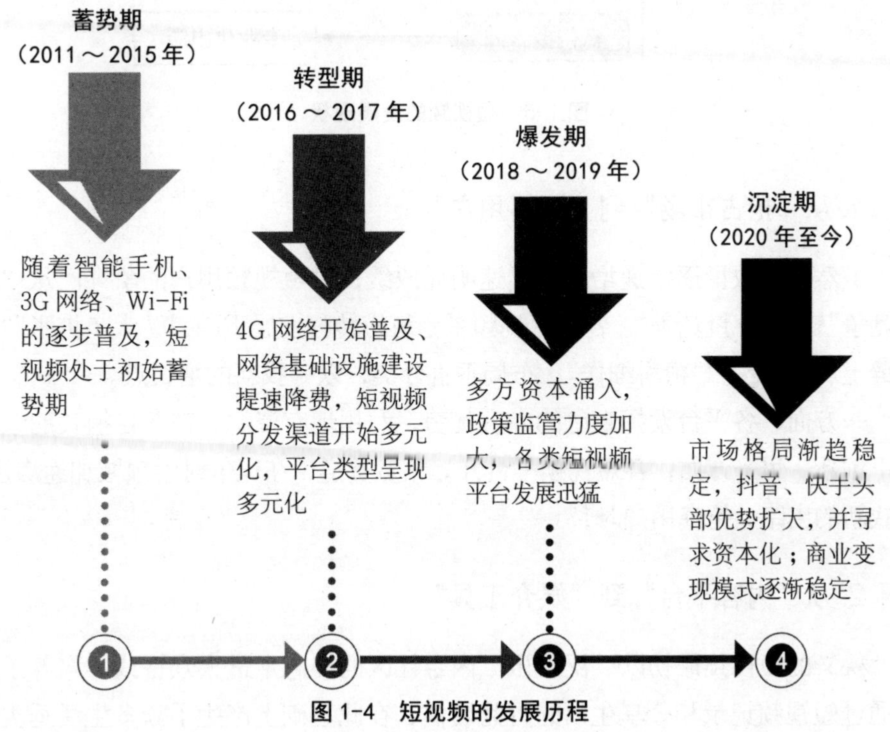

图 1-4　短视频的发展历程

即学即练 提问：我们现在处于短视频发展的哪个阶段，这个阶段的特点是什么？

二、短视频的发展现状

目前，短视频的发展现状已呈现出如图 1-5 所示的特征。

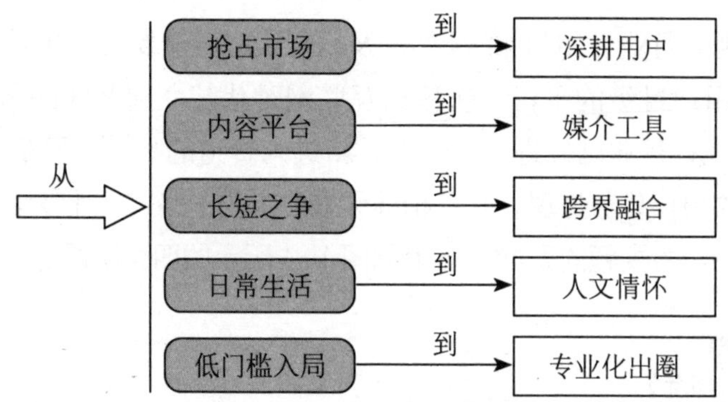

图 1-5　短视频的发展现状

1. 从“抢占市场”到“深耕用户”

虽然用户数量逐年递增，但增速明显放缓，对短视频用户的争夺已从“增量竞争”转为“存量竞争”。各大短视频平台纷纷转移发展重心，从“大步扩张”“开疆辟土”，转变为“精耕细作”、布局垂直分类，以寻找新的增长点。

一方面，各平台发挥自己的内容优势，利用现有资源，在各自擅长的领域守正创新。另一方面，各短视频平台开始拓宽赛道，在竞争对手领域加速渗透，寻找新的出路，抢夺用户时长。

2. 从“内容平台”到“媒介工具”

狭义的短视频最初以“泛娱乐”内容社区的姿态走进大众视线，培养了用户通过短视频记录和分享生活的行为习惯，在此基础上产生了众多生活垂类短视频内容，例如美妆、穿搭、护肤、美食、健康、拆箱、探店、健身、情感、亲子、母婴、萌宠等。基于日常而广泛的内容生态，短视频逐渐做起了电商“生意”。

如今，随着用户规模和社会影响的日益扩大，短视频的媒介功能特性逐渐显露，社会各领域开始将短视频作为一种媒介工具，将短视频传播作为一种手段运用于各自的发展策略当中。

传统的内容社区壁垒正在被打破，“视频化生存”已成为社会趋势，短视频作为一种媒介工具被应用于各领域，它是我国传统文化对外传播的“使者”，是主流媒体向社会发布信息的“渠道”，是数以千万计的人民赚钱谋生的“工具”，是一个个城市和乡村展示文化的“窗口”，是人们利用碎片化时间学习获知的“资源”，更是普通人记录生活和展示自我的“舞台”。2021 年，短视频已成为互联网的基础应用，“短视频”给媒介社会留下了无限想象空间。

3. 从“长短之争”到“跨界融合”

长视频与短视频之“争”起于流量，聚焦于版权。长视频“变短”，短视频“加长”，已是网络视频从业者心照不宣的选择。爱奇异、优酷等传统视频平台纷纷加大对短视频业务的投入力度，短视频平台也在积极布局长视频领域，不断开放视频时长，探索更多内容品类。

比如，腾讯视频在 2021 年提出打造“综合视频平台”的理念，将腾讯视频、微视、腾讯体育、应用宝、WeTV 几大产品线整合为腾讯在线视频事业部，探索长短视频融合发展的有效模式。

4. 从“日常生活”到“人文情怀”

走过了“低质暴增”的阶段，短视频逐渐呈现出“文化沉淀”的趋势。用户审美观念的转变，推动着短视频创作者及平台进行内容价值的提升与社会价值回馈。数据显示，抖音 2021 年与“非遗”传承相关的视频数量同比增长 149%，累计播放量同比增长 83%，传统文化类直播成为最受关注的直播类型。短视频已成为社会价值引领、传统文化传承与对外传播的重要阵地。

5. 从“低门槛入局”到“专业化出圈”

智能终端与视频制作技术的普及使非专业视频创作者的数量增加，同时短视频平台给了这些非专业创作者展示与传播的机会。

比如，2021 年 3 月，微信 8.0.3 版开放内测，将短视频剪辑软件“秒剪”关联至朋友圈发布动态入口，主打“AI 剪辑”，导入素材自动匹配，一键成片并可分享视频号，再次向 12 亿微信用户发出“把视频号当朋友圈发”的邀请，使短视频创作更加日常化。

“视频流水线”让基数庞大的非专业创作者获得参与感，但“爆款”则越来越青睐专业“玩家”。从内容上看，短视频各赛道的垂类代表多是创作高度专业的，或在自身领域有所建树，或能熟练掌握镜头语言技巧，或拥有电影感画质。

比如，“B 站”2021 年“百大 up 主”评选就将专业性作为三大评价标准之一。

此外，从组织运营上看，MCN 机构的繁荣以及专业媒体的加入都让短视频创作的专业化程度大大提升。

三、短视频的发展趋势

短视频的火爆为人们的生活带来了可创作性和娱乐观赏性，其普及度和火热度一直居高不下，成为人们获取知识和信息等的重要载体。未来，短视频行业将呈现如图 1-6 所示的发展趋势。

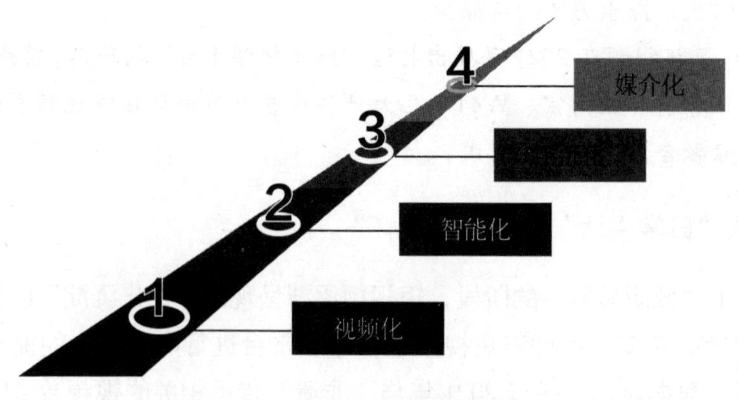

图 1-6 短视频的发展趋势

1. 视频化

短视频发展到今天，视频化已经成为媒介传播不可忽视的力量。从媒介属性而言，短视频由于其内容特征的视频化，在媒体深度融合中抢占了发展先机。用户的多样化需求与平台的正确引导紧密相关，传媒行业应始终强化内容导向。

未来，短视频发展要回归内容价值，从娱乐、社交、消费等逐步转向新闻资讯、生活服务、文化传承等参与社会建构的轨道上，从社交属性过渡到内容属性。作为一种媒介形态和媒体创新形式，短视频的核心要素仍然是视频，而视频不仅是传统媒体视听传播的主要形式，也是媒体深度融合中的网络视听新业态。

从主流媒体与短视频平台的区别上看，主流媒体“强化内容”，短视频平台“强化运营”，但两者并不冲突，未来应深化拓展“内容 + 运营”的融合互动模式，实现短视频媒体化与短视频新闻化。

未来，短视频平台与主流媒体的融合互动将更加全面，特别是在短视频内容从“泛娱乐化”转向“泛内容化”“泛知识化”的过程中，短视频行业应该采取“PGC+UGC”的内容生产模式，充分发挥主流媒体与短视频平台各自的优势，拓宽短视频内容生产的结构布局与辐射范围，打造全新的内容生态体系。

2. 智能化

短视频的兴起得益于智能手机等终端设备的更新迭代、5G 网络的普及以及人工智能技术对传媒行业的赋能，“人工智能 + 短视频”进程将持续深化。当前，抖音的算法与快手的 AI 技术已逐渐成熟。“5G+AI”技术发展的趋势将进一步推动短视频与直播的融合发展，直播将成为短视频平台的标配和“承重墙”。

5G 将催生互动视频、VR/AR 等沉浸式视频，随着移动化、场景式体验逐渐增强，“直播 +”将日益嵌入社会生活；人工智能将推动短视频行业的算法推送更加精准完善，长短视频的融合发展也将推进视频内容的智能化与协同化生产，短视频内容审核将更加规范；区块链技术基于共享特征和版权保护，将推进短视频的版权保护模式创新。强化技术支撑的短视频行业，一方面要创新内容表达，提高传播效果；另一方面要加强内容监管，完善把关机制，推动短视频发展规范化、科学化，不断完善短视频评价体系，建构短视频技术体系，进而实现短视频行业的智能生态。

3. 下沉化

随着短视频不断嵌入社会生活，垂直、下沉、细分将成为未来短视频行业推进内容消费的重要趋势。在短视频用户结构中，三四五线城市的短视频用户数量呈增长趋势。短视频行业的下沉市场仍然具有很大的深耕和挖掘空间，这为短视频平台未来的发展战略调整提供了契机。

短视频下沉需要重视多层次用户群体的使用需求。当下，“Z时代”（生于1995～2009年间的人，又称“网络时代”“互联网时代”）作为数字网络技术的“原住民”，已经成为短视频等底层应用的重要群体。从短视频消费升级的角度看，电竞、二次元、国风、颜值主体、养生、趣味等“Z时代”热衷的内容与短视频平台的内容传播相契合，短视频平台未来盈利模式的优化将受到“Z时代”亚文化圈层的带动和影响。

同时，由于短视频存量时代与“银发”时代的叠加效应，年轻用户规模逐渐触顶，使得中老年群体网民规模增速最快，短视频市场迎来了新的增量时代。“银发”时代，网络应用、短视频行业的内容消费与用户群体变迁将有很大的市场潜力和发展空间。随着短视频下沉市场的逐步融入，二三线及以下城市老年短视频用户群体将持续扩大，短视频在老年人群体中的渗透率也将不断提升。

4. 媒介化

“短视频+”将持续创造新动能，推动形成多领域的交叉融合。通过“+电商”“+音乐”“+教育”“+游戏”“+扶贫”“+文旅”等多种形式，短视频正在成为社会产业发展的新生动力。

未来，短视频的形态将不断创新、服务将实现升级、功能将不断调整，短视频平台在直播电商、在线教育、生活服务、休闲娱乐、知识传播与内容付费等模式的带动下，将深度嵌入社会生活与产业结构，更具连接性和中介性，融合消解更多产业边界，连接赋能更多行业发展。

课程思语

产业发展及5G连接等新兴技术的加速落地，推动短视频与其他行业的融合进程，不断加码的“短视频+”商业模式，让用户数据、消费习惯、流量等得到深入挖掘，助推行业产品商业价值实现有效转化。国家行业产业的蓬勃发展，增加了我们的民族自豪感和自信心，增强对国家的认同感和归属感，同时也让自己感知到了更多的使命和责任。

即学即练

提问：未来短视频平台在发展中要着重关注哪些方面？

第四节　主流短视频平台

4G 网络普及以来，短视频行业取得了飞速的发展，短视频平台异军突起，在互联网时代树立了强大的影响力。目前，主流的短视频平台有抖音、快手、西瓜视频、小红书、哔哩哔哩等。

一、抖音

抖音，是由字节跳动孵化的一款音乐创意短视频社交软件。该软件于 2016 年 9 月 20 日上线，是一个面向全年龄的短视频社区平台，用户可以通过这款软件选择歌曲，拍摄音乐作品，从而形成自己的作品。

1. 抖音平台定位

抖音的定位是“年轻、潮流”，能够利用先进的算法给用户推送热门的短视频内容。

2. 抖音平台特色

抖音的核心特色是年轻化。不同于快手记录真实生活的形式，抖音更多追求的是新潮和个性化的形式，在抖音里会有更多年轻化的设计，以便满足年轻人对现在时代发展的新潮需求。

3. 抖音平台用户画像

（1）主要以一二线城市年轻用户为主，男女比例比较均衡，女性略大于男性。

（2）用户群体开始向三四线城市逐渐渗透。

（3）用户为城市青年、时尚青年、学生、才艺青年等。

（4）用户标签为喜欢音乐、美食和旅游等。

（5）社交风格更趋向于流行时尚、文艺小清新与校园风格。

二、快手

快手是北京快手科技有限公司旗下的产品。快手的前身叫“GIF 快手”，诞生于 2011 年 3 月，最初是一款用来制作、分享 GIF 图片的手机应用。2012 年 11 月，快手从纯粹的工具应用转型为短视频社区，用于用户记录和分享生产、生活的平台。后来随着智能手机、平板电脑的普及和移动流量成本的下降，快手在 2015 年以后迎来市场。

1. 快手平台定位

快手的用户定位是“社会平均人”。快手用户分布在二三线城市是由中国社会的形态所决定的。把所有的快手用户抽象成一个人来看,他相当于一个“社会平均人”。中国人口中只有7%的人口在一线城市,93%的人口在二三线城市等,所以这个“社会平均人”就落在了二三线城市。

2. 快手平台特色

快手是记录和分享大家生活的平台。通过视频和直播的方式拉近人与人之间的距离，是一款既贴近又有温度的产品。

在快手上，用户可以通过照片和短视频的方式记录自己的生活点滴，也可以通过直播与“粉丝”实时互动。快手的内容覆盖生活的方方面面，用户遍布全国各地。在这里，人们能找到自己喜欢的内容，找到自己感兴趣的人，看到更真实有趣的世界，也可以让世界发现真实有趣的自己。

3. 快手平台用户画像

（1）大部分用户来自二线城市以下，来自四线及以下城市的用户也占很大比例。

（2）从一线城市到五六线城市的生活百态，从田间地头到广场。

（3）热爱分享、喜欢热闹、年轻化的“小镇青年”。

（4）很多一部分群体为广大社会底层中青年。

提问：抖音和快手作为我国目前的两大头部短视频平台，它们有何不同？

三、西瓜视频

西瓜视频是字节跳动旗下的中视频平台。2016 年 5 月，西瓜视频前身——头条视频正式上线。2016 年 9 月 20 日,西瓜视频宣布 10 亿元扶持短视频创作者。2017 年 6 月，用户量破 1 亿，DAU（日活跃用户数量）破 1000 万。2017 年 6 月 8 日，头条视频正式升级为西瓜视频。

1. 西瓜视频平台定位

西瓜视频的定位是一款可以长知识、开眼界以及可以观看电影的视频分享平台，西瓜视频的主要内容，以 PGC（professional generated content，专业生产内容）短视频为主，定位是个性化引荐的聚合类短视频平台。

2. 西瓜视频平台特色

西瓜视频以“点亮对生活的好奇心”为口号，通过人工智能帮助每个人发现自己喜欢的视频，并帮助视频创作人们轻松地向全世界分享自己的视频作品。

3. 西瓜视频平台用户画像

（1）用户男女比例是 8：2，以男性为主。

（2）中等收入的一二线城市中的男性是主要受众。

（3）30 岁以上的用户超 7 层，其中 31 ~ 35 岁占比 35.5%，36 ~ 40 岁占比 11.8%，41 岁以上占比 26.9%。

（4）地域分布上，以一二线城市为主，其中超一线城市占比 10.5%，一线城市占比 33.9%，二线城市占比 21.1%。

（5）消费能力上，中低等消费者占比最高，达 35.7%，中高等消费者占比 22.4%,中等消费者占比 22.4%,低等消费者占比 17%,高等消费者占比 2.5%。

四、小红书

小红书是年轻人的生活方式平台,于 2013 年在上海创立。小红书以“Inspire Lives 分享和发现世界的精彩”为使命，用户可以通过短视频、图文等形式记录生活点滴，分享生活方式，并基于兴趣形成互动。2023 年 2 月 7 日，小红书官方宣布，小红书网页版上线。

1. 小红书平台定位

小红书的产品定位，是用户分享日常生活的交流阵地，也就是海内外购物笔记分享生活社区，以及发现全球好物的电商平台。

2. 小红书平台特色

小红书是一个生活方式平台和消费决策入口。在小红书上，来自用户的数千万条真实消费体验，汇成全球最大的消费类口碑库，也让小红书成了品牌方看重的“智库”。

3. 小红书平台用户画像

目前，小红书的月活跃用户达 2 亿，其中“90 后”用户占比 72%，一二线城市用户占比 50%，分享者超 4300 万。同时，在多元化趋势下，小红书上美食、旅行等中性化内容以及科技数码、体育赛事等偏男性内容快速发展，带来了男性用户的快速增长。

小红书六大人群标签分别是：Z 世代、新锐白领、都市潮人、单身贵族、精致妈妈、享乐一族。

从地域划分，活跃用户人群中，广东省人数占比最高，达到 18.2%，上海次之。从年龄分布划分，活跃用户人群中，18 ~ 24 岁占比最高，约为 46.39%，25 ~ 34 岁次之。从关注焦点看，小红书用户中关注彩妆的人群最多，这也符合小红书女性用户占比较大的特点。

五、哔哩哔哩

哔哩哔哩，英文名称为 bilibili，简称 B 站，是中国年轻一代高度聚集的文化社区和视频网站，该网站于 2009 年 6 月 26 日创建，被网友们亲切地称为“B 站”。

1. 哔哩哔哩平台定位

B 站是独特且稀缺的 PUGC（专业用户创作的内容）视频社区，以 PUGC 视频为主，拥有浓厚社区氛围的视频社区。同时，哔哩哔哩拥有社区产品特有的高创作渗透率和高互动率，独特的弹幕文化和良好的社区氛围激发用户积极创作及互动。

2. 哔哩哔哩平台特色

B 站早期是一个关于 ACG（动画、漫画、游戏）内容创作与分享的视频网站。经过十年多的发展，围绕用户、创作者和内容，构建了一个源源不断产生优质内容的生态系统，B 站已经涵盖 7000 多个兴趣圈层的多元文化社区。

哔哩哔哩拥有动画、番剧、国创、音乐、舞蹈、游戏、知识、生活、娱乐、鬼畜、时尚、放映厅等 15 个内容分区，生活、娱乐、游戏、动漫、科技是 B 站主要的内容品类，并开设直播、游戏中心、周边等业务板块。

3. 哔哩哔哩平台用户画像

B 站用户群是中国互联网用户群里最年轻的群体（90% 用户的年龄在 25 岁以下，以“90 后”和“00 后”为主）。据推算，超过 50% 的城市年轻网民以及超过 80% 的一线城市的中学生和大学生是 B 站用户。

B 站用户大都聚集在一二线城市，并且有较强的付费意愿，根据哔哩哔哩的统计数据显示，北京、上海、广州的大学生和中学生，占哔哩哔哩用户的半壁江山。年轻有活力的用户群体，一二线城市的高消费潜力和高付费意愿都是大众品牌推广战略中的必争目标人群，尤其是对于传统品牌在年轻群体中的推广传播具有重大的意义。

六、微信视频号

视频号是一个人人可以记录和创作的平台，也是一个全开放的平台；同时，视频号链接微信生态的打通能力，能借助公众号、搜一搜、看一看、小程序等已趋成熟的产品，形成微信生态合力，使优质的内容和服务辐射更多人。

1. 微信视频号平台定位

微信视频号的定位非常清晰，就是快速切入短视频社交领域，挖掘更多的机会点，打造战略级产品。在渠道和营销方面，借助微信、QQ 等产品的导流降低了用户的获取成本。

2. 微信视频号平台特点

一是覆盖人群广。微信超十亿的日活量，涵盖了抖音、快手等产品不曾覆盖的人群，为视频号自然流量的引进，打下厚实的基础。

二是变现渠道多。公域流量与私域流量的叠加，突破了熟人关系链束缚。

对于视频号创作者来说，通过转发至微信朋友圈、群聊、好友等，使之更容易获取私域流量的关注，通过好友点赞转发、熟人推荐等方式，没有好友关系的用户也可以互相交流，打开了公域流量关注的空间。

三是形成完整的生态闭环。视频号可以给公众号、小程序、企业号、微信号导流，形成完整的生态闭环，拥有巨大的潜在商业价值。

3. 微信视频号平台用户画像

（1）主力使用人群年龄集中在 20 ~ 29 岁，其次使用人群集中在 30 ~ 39 岁，且整体随着年龄的增长而逐步下降。

（2）女性用户占比为 39.73%，男性用户占比为 60.27%。

（3）从用户地域分布上看，一二线城市的用户最活跃，三四线城市的用户相对较少。

（4）从兴趣偏好上看，目前视频号关注度较高的视频有“影视音乐、软件应用、教育培训、咨询、书籍阅读”等偏好。

讨论：本节介绍的六个短视频平台，你最喜欢哪个？为什么？

课程思语

分享可简单理解为共享感受、物质、智慧等，它天生带有一种利他性、有益性、共同性的特点。分享能促进自我的发展和进步，能感染和影响到他人，因此分享能让我们获得快乐，但前提是我们能真诚面对自己，真诚面对他人，这样的分享才有价值。

第二章

筹备：让你的短视频创作赢在起跑线

知识目标

1. 知道短视频创作团队的组成及各岗位成员职责。
2. 熟悉短视频创作需要使用到的设备及其发挥的作用。
3. 掌握短视频脚本创作的内涵和脚本包含的要素。

技能目标

1. 能发挥各自长处，分工协作完成短视频创作。
2. 掌握短视频脚本写作技巧，并能撰写出要素完整的脚本内容。

课程目标

通过指导学生创建短视频制作团队并完成职责分工，了解岗位职责内容，引导学生树立新媒体行业的职业操守和专业素养，并能学会处理好个人和团队的关系，提升团队协作的能力。

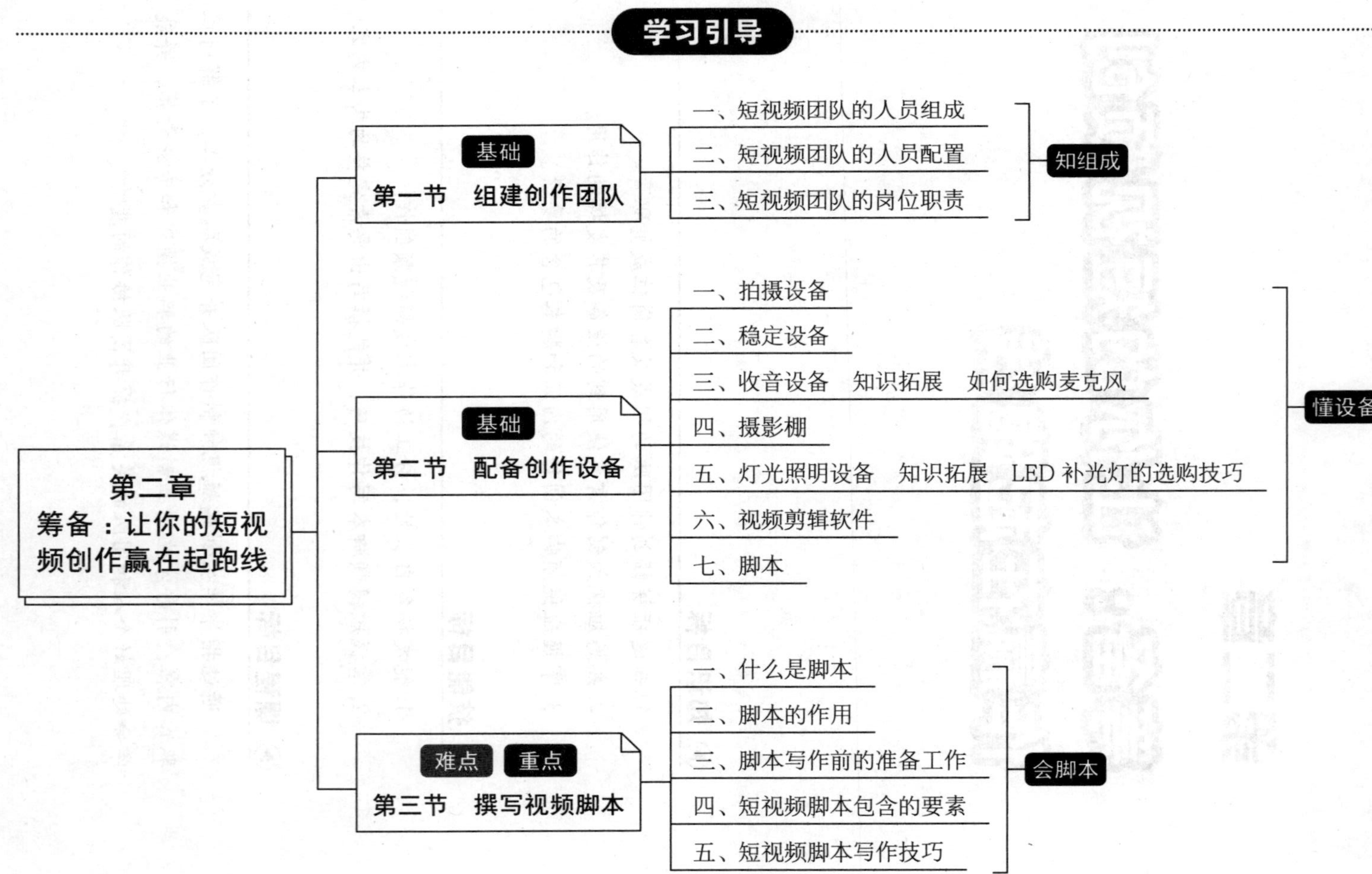
学习引导
第二章
筹备：让你的短视频创作赢在起跑线
基础
第一节 组建创作团队
一、短视频团队的人员组成
二、短视频团队的人员配置
三、短视频团队的岗位职责
知组成
基础
第二节 配备创作设备
一、拍摄设备
二、稳定设备
三、收音设备 知识拓展 如何选购麦克风
四、摄影棚
五、灯光照明设备 知识拓展 LED 补光灯的选购技巧
六、视频剪辑软件
七、脚本
懂设备
难点 重点
第三节 撰写视频脚本
一、什么是脚本
二、脚本的作用
三、脚本写作前的准备工作
四、短视频脚本包含的要素
五、短视频脚本写作技巧
会脚本

案例导入

“小马哥”助力乡村振兴

“小马哥”于2022年毕业于晋中职业技术学院电子商务专业，现就职于杭州××生态农业发展有限公司。2021年实习期加入该公司，负责公司短视频账号的选品、短视频内容策划、账号运营以及直播等工作。

从2021～2022年，一年期间，跟随公司团队走过全国20多个省、自治区和直辖市，深入生态农业，奔赴一线，为响应乡村振兴的号召，贡献出自己的一份力量。通过抖音短视频直播带货销售武鸣沃柑、海南金钻凤梨、海南贵妃芒果、新疆阿克苏苹果、福建葡萄柚、五常大米、有机鸡蛋、四川爱媛果冻橙等产品，帮助当地农民销售农产品上千万斤，直接带动农民增收超三千万元。

2022年9月，开设独立抖音账号，负责账号整体的统筹策划、内容策划、脚本撰写、视频出镜、账号运营等工作。通过短视频直播带货，平均每月销售额高达70万元。短短三个月，销售山东莱阳秋月梨1.6万单、云南石林树熟人参果7000单、福建平和蜜柚7000单、赣南脐橙5000单，从而带动山东、云南、福建、江西的果农创收致富。

“小马哥”生在农村，长在农村，作为新时代的大学毕业生，他时刻不忘自己的初心，发挥专业特长，助力乡村振兴。今后，他希望能继续奔赴在生态农业的一线，走遍中国的每个角落，通过自己的短视频账号，帮助全国更多的果农销售农产品，创收致富。

思考：

1. 观看“鑫选小马哥-国标产品”抖音账号，说说短视频创作团队的组成及各岗位成员职责有哪些？

2. 观看“鑫选小马哥-国标产品”抖音账号，说说短视频创作需要使用到的设备？

3. 观看“鑫选小马哥-国标产品”抖音账号，说说短视频脚本创作的意义和脚本包含的要素？

4. 请说说如何运用短视频创作平台推广你家乡的农产品？

第一节　组建创作团队

短视频运营是指通过合理的短视频内容制作、发布及传播，向用户传递有价值的信息，从而达到短视频传播和用户增长与转化的目的。要想能够持续地给用户创作有价值的内容，就必须具备持续制作高质量内容的能力，因此拥有一支优秀的短视频内容制作团队至关重要。

一、短视频团队的人员组成

虽然短视频不同于微电影和电视制作那样，对特定的表达形式策划和团队配置有硬性要求，但是超短的制作周期和趣味化的内容，对短视频制作团队的策划和编导功底有着一定的挑战。所以，有一个专业的内容制作团队对保质保量地产出成果有着重要的作用。

一般来说，一个专业的短视频运营团队的人员构成包括导演、编剧 / 策划、演员、摄像师、剪辑师、运营人员。

当然，其中有能力的团队成员或预算不足的团队成员可以身兼数职，能有效地缩减预算。但是，如果对短视频的内容要求较高或者在资金比较充足的情况下，则可以增加相应数量的成员。

例如，短视频内容制作团队对后期剪辑的要求比较高，可以再增加一名后期剪辑人员共同完善拍摄成果。

总体来说，短视频内容制作团队一般由 3 ~ 6 人组成。对于一个标准的起步阶段的短视频内容制作团队来说，至少要配备编导、拍摄、剪辑人员各 1 名。在完善阶段，短视频内容制作需要编剧、导演、剪辑师、摄影师、后期、演员等人员。

二、短视频团队的人员配置

明确短视频内容制作团队的人员配置与分工，对于一个刚刚组建的短视频制作团队来说非常重要。一方面清晰明确的人员配置与分工可以让团队成员各司其职，发挥才能，快速地投入工作中，高效产出成果。另一方面明确的人员配置与分工不仅有利于快速高效解决问题，而且能防止出现工作推诿的情况，一旦短视频制作过程中出现什么问题，可以立即与负责这部分工作的人员沟通。所以，明确团队的人员配置是保证工作稳定进行、增强团队凝聚力的重要保证。

一般来说，短视频制作团队的人员配置与分工有如图 2-1 所示的三种情况。

配置一 **1 人配置，单人成团，1 人承包所有的内容制作工作**

有的短视频制作团队因经济受限等各种因素的影响自成团队，1 人包揽策划、拍摄、演绎、剪辑等全部工作，但是这种情况工作量很大，且制作时间成本较高

配置二 **2 人配置，2 人成团，相互分担整体工作**

因人员较少，2 人配置的分工并不是很明确，通常 2 人都要承担策划、摄影、剪辑、出镜的工作，或者是 1 人身兼编剧和导演，另外 1 人承担拍摄和剪辑的工作。这种人员配置相比单人配置会轻松一些，但是整体任务量依旧比较大，要求 2 人综合能力要强，相对而言也比较艰难

配置三 **多人配置，各司其职，分工明确**

多人配置为 3 人及 3 人以上的成员组成一支内容制作团队，包括编导、摄影师、剪辑师等人员，各司其职。如果是一个标准的起步阶段的短视频团队，人员配置多在 4 ~ 5 人，包括编导、摄影、剪辑、演员、后期，各由 1 人负责，各人分工明确

图 2-1 短视频制作团队的人员配置与分工

即学即练

提问：在人手充足的情况下，一个短视频制作团队需要多少人？

三、短视频团队的岗位职责

配置了相应的团队人员，还要每个团队成员相互配合，各司其职，团队才能运转正常。

1. 编导

在短视频制作团队中，编导是“最高指挥官”，相当于节目的导演，主要对短视频的主题风格、内容方向及短视频内容的策划和脚本负责，按照短视频定位及风格确定拍摄计划，协调各方面的人员，以保证工作进程。

另外，在拍摄和剪辑环节也需要编导的参与，所以这个角色非常重要。

编导的岗位职责主要如下。

（1）能够根据短视频定位，参与短视频内容策划，搭建剧本脉络和框架，编写策划案和脚本。

（2）落实所需场地、道具设备等，并组织拍摄，指导摄影师和剪辑师更好地呈现短视频的主题，精准地把握短视频的拍摄方向。

（3）监控制作全过程，保证短视频按时按质完成。

2. 摄像师

优秀的摄像师是短视频能够成功的一半，因为短视频的表现力及意境都是通过镜头语言来表现的。一个优秀的摄像师能够通过镜头完成编导规划的拍摄任务，并给剪辑留下非常好的原始素材。

摄像师的岗位职责主要如下。

（1）对拍摄负责，根据脚本内容通过镜头把想要表达的内容表现出来。

（2）负责整个流程拍摄，包括灯光、布景、构图等，按照编导的策划完成高质量的画面摄制。

3. 剪辑师

剪辑师是短视频后期制作中不可或缺的重要职位。一般情况下，在短视频拍摄完成之后，剪辑师需要对拍摄的素材进行选择与组合，舍弃一些不必要的素材，保留精华部分，还会利用一些视频剪辑软件对短视频进行配乐、配音及特效工作，其根本目的是要更加准确地突出短视频的主题，保证短视频结构严谨、风格鲜明。

对于短视频创作来说，后期制作犹如“点睛之笔”，可以将杂乱无章的片段进行有机组合，形成一个完整的作品，而这些工作都需要剪辑师来完成。

剪辑师的岗位职责主要如下。

（1）对最后的成片负责，需要将拍摄的视频按照确定的主题和方向剪辑成3～5分钟的短视频，独立完成视频的剪辑、合成、制作，熟练运用镜头语言，把各个部分的镜头拼接成视频，包括配音配乐、字幕文案、视频调色以及特效制作等，让整个短视频内容更丰富，形式更新颖。

（2）需要参与策划的整个过程，了解编导的想法，并通过自己的剪辑让主题在短视频中很好地呈现出来。

4. 运营人员

虽然精彩的内容是短视频得到广泛传播的基本要求，但短视频的传播也离不开运营人员对短视频的网络推广。新媒体时代下，由于平台众多，传播渠道多元化，若没有一个优秀的运营人员，无论多么精彩的内容，恐怕都会淹没在茫茫的信息大潮中。

运营人员的主要岗位职责如下。

（1）负责短视频日常内容分发上线，包括视频头图、标题、简介、推荐位及部分内容元数据的日常导入、审核、上线、下线，并提供各品类短视频的内容上线计划表。

（2）负责短视频上线后的数据分析、竞品分析，对内容运营的策略方法适时优化改进。

（3）收集用户反馈、用户互动，根据内容运营效果提供线上线下相关活动的建议。

（4）能够根据数据反馈分析不同流量渠道的流量规则，制定对应的流量获取策略。

5. 演员

拍摄短视频所选的演员一般都是非专业的，在这种情况下，一定要根据短视频的主题慎重选择，演员和角色的定位要一致。不同类型的短视频对演员的要求是不同的。

演员的主要岗位职责如下。

（1）根据短视频脚本，配合编导，完成短视频广告演绎。

（2）根据角色需要，能够尽快投入转变，完成短视频制作。

（3）参与公司节目的短视频脚本选题策划。

提问：在短视频制作过程中，哪个岗位的工作犹如“点睛之笔”？这个岗位职责有哪些？

课程思语

团队协作就是怎么将个人融入所在团队，怎样服从团队负责人的指挥，配合团队做好相关工作，在团队取得发展和进步的同时，个人得到相应的历练和提升。个人只有具备这样的意识和品质，才能将个人利益置于团队利益之中去，实现个人利益与团队利益的统一。

第二节　配备创作设备

俗话说：“工欲善其事，必先利其器。”要想创作好的短视频，有了好的团队，还要有相应的创作设备，才能把创意呈现给观众。

一、拍摄设备

短视频的拍摄设备主要有手机、单反相机和微单相机。

1. 手机

随着智能手机的普及，手机已成为最常见的拍摄设备。短视频创作者可以直接用手机拍摄短视频上传至短视频平台。对于“新手小白”或资金有限的人来说，推荐使用手机拍摄。

2. 单反相机

当短视频团队发展到稳定阶段，有了相应规模之后，就要面向更广大的用户，这时对视频内容的画质和后期的要求就越来越高，可以考虑使用单反相机进行拍摄。

3. 微单相机

当资金预算有限，但又想提高短视频的画质时，推荐选择微单相机。与单反相机相比，微单相机不但体积小、重量轻，而且拍摄出来的画质也很清晰，性价比较高。

二、稳定设备

画面的稳定性在视频拍摄中尤为重要，它影响着人们的观感体验，如果拍摄画面的抖动幅度过大，拍出来的画面让人很难集中精神看下去，这时候我们需要一个稳定手机/相机的辅助器材。

稳定设备主要有自拍杆、三脚架和稳定器。

1. 自拍杆

自拍杆作为手机自拍最常使用的设备，不仅可以让手机离身体更远，使镜头纳入更多的拍摄内容，而且可以有效保证手机的稳定性（图2-2）。有些自拍杆使用起来很方便，其下边的把手可以 变成小三脚架，还有些自拍杆的把手位置有一个开始录制的按键。

图 2-2　手机自拍杆

2. 三脚架

无论是视频拍摄的业余爱好者还是专业技术人员，在进行视频拍摄时都离不开三脚架（图 2-3 和图 2-4）。拍摄者可以使用三脚架稳定摄像机，从而改善视频画面，更好地完成拍摄任务。

图 2-3　手机三脚架　　图 2-4　相机三脚架

在选择三脚架时，拍摄者一定要明确制作短视频的内容主线。若拍摄内容为街拍，一定要选用重量轻、体积小的三脚架，这样不容易引起周围人的注意，能够迅速地进入拍摄状态。若为影棚拍摄，则一定要把三脚架的稳定性放在第一位，而在三脚架的重量方面无须过多考虑。

3. 稳定器

稳定器，顾名思义，就是在拍摄时用于稳定画面，让被拍者在站立、走动甚至跑动的时候都能够拍摄出稳定顺畅的画面。稳定器可分为手机稳定器（图 2-5）和相机稳定器（图 2-6）。

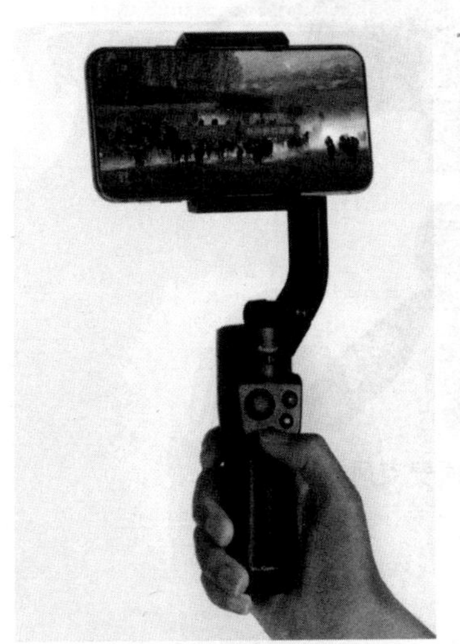

图 2-5　手机稳定器

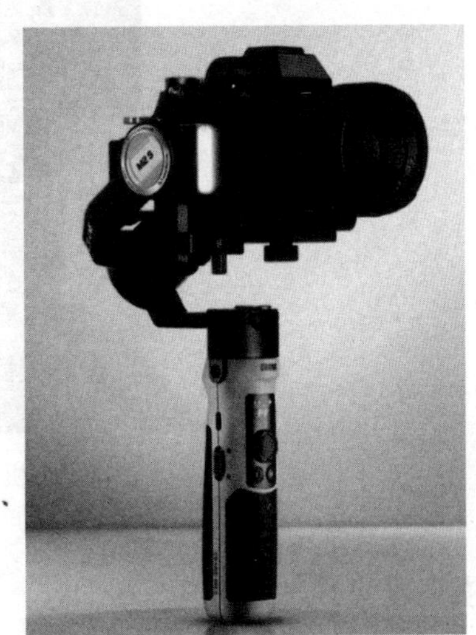

图 2-6　相机稳定器

三、收音设备

短视频创作，是视听语言的呈现，它兼具流畅的画面与饱满立体的声音。当我们用原生手机的麦克风或者相机自带的麦克风进行内录和收音的时候容易受环境的影响，录制的声音很嘈杂、浑浊，这时候我们就需要用到收音的辅助设备，即收音麦克风。

目前常用的收音和录音设备有机顶麦克风、领夹麦克风和外录收音设备等。

1. 机顶麦克风

指向收音，固定位置且保持正向对着声源，声音不能离麦克风太远，如果是多人移动拍摄，一般配合挑杆使用，随时调整麦克风的位置，这种麦克风是目前使用最广泛的收音设备（图 2-7）。

图 2-7　机顶麦克风

2. 领夹麦克风

领夹麦克风允许说话者在表演时能够自如活动而不会影响声源的拾取（图 2-8），多用于会场表演和个人录制视频。

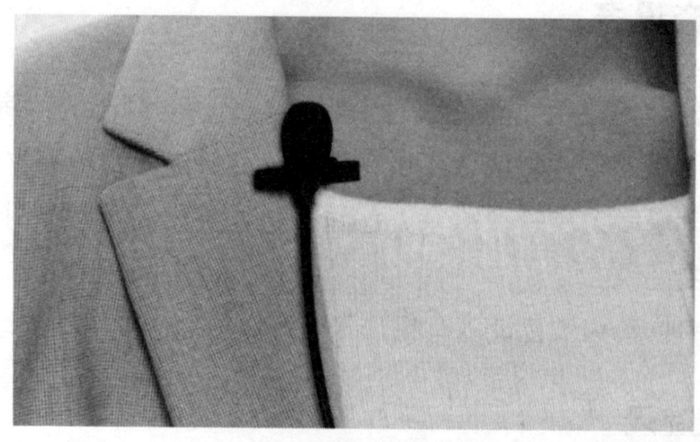

图 2-8　领夹麦克风

3. 外录收音设备

外录收音设备属于专业级收音设备（图 2-9），声音饱满真实，立体双声道录制，适合对声音要求比较高的用户。

图 2-9 外录收音设备

知识拓展

如何选购麦克风

选购麦克风时应关注两个重要指标。

1. 麦克风的指向性

（1）全指向型：对于来自不同角度的声源，麦克风对其灵敏度是一样的，也就是可以从所有方向均衡地收取声音，适合演讲或者移动的声源，声源活动空间更大。

（2）心型指向：对于来自麦克风前方的声音有很好收音效果，而来自麦克风后面或者其他方向的声源则会被衰减，所以心型指向麦克风适合复杂的环境，单向收音。

2. 麦克风信噪比

音频信噪比是指麦克风收音的时候，正常声音信号强度与噪声信号强度的对比值，信噪比数值越高，噪声越小。

四、摄影棚

摄影棚的搭建是短视频前期拍摄准备中成本支出最高的一部分，它对于专业的短视频拍摄团队是必不可少的。要想搭建一个摄影棚，首先需要一个 30 平方米左右的工作室，因为过小的场地可能会导致摄影师的拍摄距离不够。

摄影棚搭建完毕，要进行内部的装修设计。装修设计必须依照短视频的拍摄主题来进行，最大限度地利用有限的场地，道具的安排也要紧凑，避免浪费空间。短视频的拍摄场景不是一成不变的，这就要求在场景设计上一定要灵活，这样才能保证在短视频拍摄过程中可以自由地改变场景。

五、灯光照明设备

短视频制作过程中，为了保证更好的拍摄效果，应尽量配光源，保证拍摄的质量。需求不高的拍摄场景可以选择柔灯箱，它的价格低廉，但是使用起来很麻烦，而且要装配，不便于携带。如果有预算，可以考虑使用 LED 补光灯，体积小且重量轻。

LED 补光灯有以下几种类型。

图 2-10　保荣卡口 LED 补光灯

1. 保荣卡口 LED 补光灯

这种类型的 LED 补光灯现在比较受欢迎，也是各大机构和专业主播常用的补光灯之一（图 2-10），目前按照功率分从 60 ~ 500 瓦都有。其优点是功率比其他几种 LED 补光灯大，另外可以搭载各种光效附件，如柔光箱、标准罩、菲涅耳镜片以及各种影棚灯保荣口附件，这种灯的光效可控，非常适合进行创作布光。

2. 室内灯箱式 LED 补光灯

室内灯箱式 LED 补光灯是基于专业保荣卡口补光灯的简化版本（图 2-11），保荣卡口补光灯一般价格比较贵，而这种灯箱式补光灯自带一个柔光箱，因此输出的光线比较柔和，且相比保荣卡口的 LED 补光灯价格更加亲民。

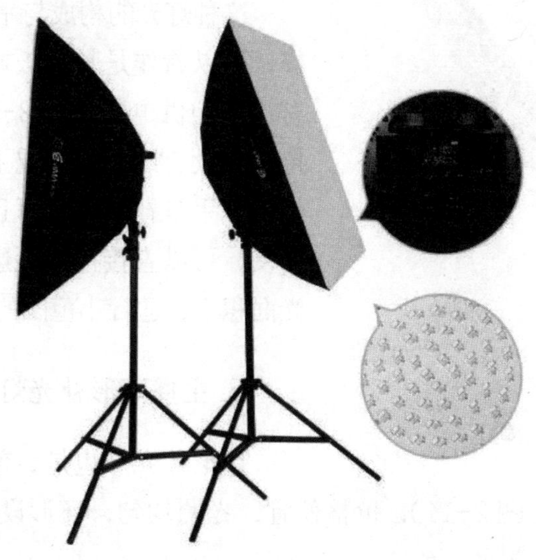

图 2-11　室内灯箱式 LED 补光灯

3. 口袋灯

口袋灯体积小巧，方便携带；现在一般都是冷暖色温，加上 RGB 彩色，充电一次能用一个多小时，适合拍摄小型静物的题材。但口袋灯发光面积小，打在人脸上的光比较硬且比较平，作为人像补光效果一般，应急用还可以，不适合人像创作。另外口袋灯功率小，距离超过 2 米基本就没什么效果了。

4. 平板 LED 补光灯

平板 LED 补光灯可说是口袋灯的放大版（图 2-12），功率更大，加上柔光纸，光质更加柔和。价格几百元到上千元不等，有的上面还带有四叶遮光板。自带充电电池，在室内拍摄时自由移动灯位比较方便。但平板 LED 补光灯性价比不高，没有保荣接口，不能搭载柔光箱、雷达罩等摄影附件。

图 2-12　平板 LED 补光灯

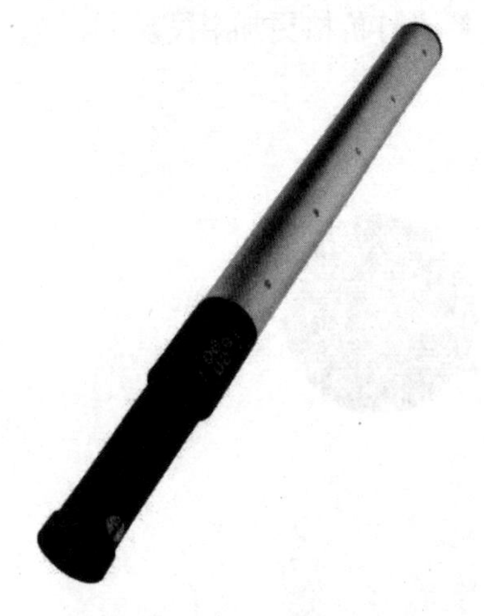

图 2-13　棒灯

5. 棒灯（冰灯）

这种灯光的构成与平板 LED 补光灯一样，可以看作是长条版本，有充电的，也有用电池供电的（图 2-13）。可以单手手持，在没有助理的情况下，可以一手拿相机，一手拿补光灯，而且携带和收纳比较方便，可以直接挂在摄影包上。但棒灯发光面积小，适合小范围的拍摄补光。

6. 主播环形补光灯

环形补光灯也是目前各大主播使用最多的补光灯之一（图 2-14），价格便宜，光照均匀，环形设计，自带眼神光，所以备受女主播的喜欢。

图 2-14　环形补光灯

知识拓展

LED补光灯的选购技巧

如何在很多复杂的参数中找到最适合自己需求的补光灯？其中最重要

的有三个指标。

1. 补光灯的功率

目前市面上补光灯的功率从几十瓦到上千瓦不等，功率决定着光照强度，功率越大，补光灯的光照强度也就越大，照射的距离也就越远。

2. 补光灯的显色指数

显色指数在照明领域中是一个很重要的指标，显色指数是指灯光对被照射物体的色彩还原的真实程度，通常用 CRI 或者 R_a 表示，它的数值从 0 ～ 100，其数值越接近 100，显色性越好，最低也要≥ 92 才算合格标准。

3. 补光灯的亮度调节范围

目前大部分补光灯都是可以调节灯光输出功率的，可根据拍摄人物的距离调节亮度输出。

即学即练 **提问：要想完成一次短视频拍摄，需要准备哪些器材？**

六、视频剪辑软件

视频剪辑软件是对视频源进行非线性编辑的软件。短视频制作者利用视频剪辑软件可以对加入的图片、背景音乐、特效、场景等素材与视频进行重新混合，对视频源进行切割或合并，通过二次编码生成具有不同表现力的新视频。目前，常用的视频剪辑软件包括 Premiere、EDIUS、会声会影、爱剪辑等。

七、脚本

脚本是拍摄短视频的根本指导性文件，是短视频作品的灵魂，它为整个短视频的内容及观点奠定了基础。一个优秀的脚本可以让短视频具有更加丰富的内涵，引起观众的深度共鸣。在拍摄短视频的过程中，一切场地安排与情节设置等都要遵从脚本的设计，以避免产生与拍摄主题不符的情况。

即学即练 **提问：在拍摄短视频的过程中，一切场地安排与情节设置等都要遵从什么？**

课程思语

孔子说：工欲善其事，必先利其器，器利而后工乃精，意思就是工匠要把自己的东西做得精致，一定要让工具锋利，也就是事先做好充分的准备。这种讲究精准和追求完美的工作态度正是工匠精神的集中体现。我们也要将工匠精神内化成自己的工作态度，将精准作为工作的宗旨，将完美视为工作的境界。

第三节　撰写视频脚本

对于刚开始做短视频的新人来说，拍摄手法、技巧、拍摄装备等都不是最重要的，最重要的就是视频内容，而做好视频内容的前提就是要有一个完整的视频脚本。

一、什么是脚本

脚本是拍摄视频的一大依据，前期的准备工作、后续的拍摄、剪辑等都要基于脚本。

简单来说，脚本可以理解为电视剧的剧本，电视剧的剧情朝着哪个方向发展都是编剧事先设定好的，演员如何表演以及剧情的取景也都是编剧事先设定好的。短视频的脚本也是如此！

这样，就可以把对短视频的脚本理解为短视频拍摄和剪辑的依据，一切参与短视频拍摄的编导、摄影师、剪辑、演员道具等，都要服从脚本，有了脚本，视频的主题也就定下来了，演员也知道怎么演，摄像师也知道拍摄的重点了。

二、脚本的作用

每条优秀的短视频里的故事情节都由专业的编剧完成，每个镜头都是精心设计过的，就像导演要拍一部电影，每个镜头都是有设计的，对于镜头的设计，利用的就是镜头脚本。脚本的作用主要体现在如图 2-15 所示的两个方面。

提高视频拍摄效率

脚本就是短视频的拍摄框架。有了这个框架，前期的准备、后续的拍摄、剪辑才能有目的、有方向地进行

保证视频拍摄质量

虽然短视频时长相对较短，但若要获得高流量、高转化，必须精雕细琢每个细节，包括背景、人物、道具、台词、拍摄及剪辑技巧、场景转换等

图 2-15 脚本的作用

课程思语

脚本是拍摄、剪辑视频的依据，是为保障效率和最终结果服务的。工作中要正确处理分工和协作的相互关系，既要认识没有分工就没有协作，科学有效的分工是一切高效协作的基本；又要理解只有分工，没有统一协调，可能让工作偏离方向，造成劳无所获。

三、脚本写作前的准备工作

在开始下笔写短视频脚本前，必须先确定好此次短视频的内容思路，具体如图 2-16 所示。

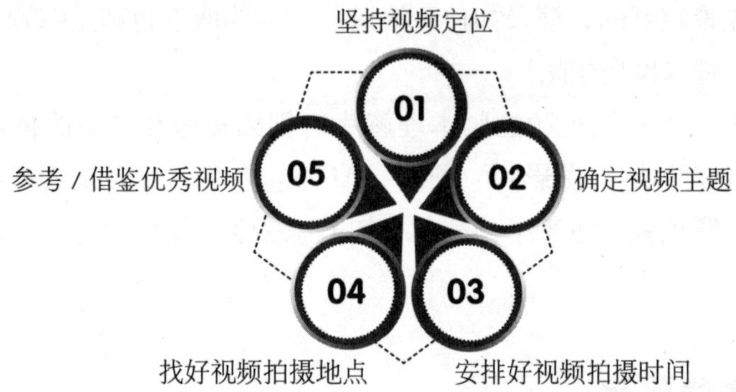

图 2-16　脚本写作前的准备工作

1. 坚持视频定位

通常，短视频账号都会有明确的账号定位，如美食类、服装穿搭类、职场类、生活小技巧分享类、街头访问类等。所以，我们在策划每个短视频内容之前，都要基于自己的账号定位。

不管是平台，还是用户，都喜欢垂直内容，这是毋庸置疑的。

2. 确定视频主题

主题是赋予内容定义的。基于上面的账号定位，需要对具体的短视频拍摄定下主题。

比如，彩妆分享类账号，拍摄一个干皮底妆“种草”分享，这就是具体的视频主题。

又如，服装穿搭类账号，拍摄一条 T 恤与裤装搭配的视频，这就是具体的拍摄主题。

3. 安排好视频拍摄时间

如果你的短视频需要多人或者与别人合作拍摄，你就需要提前安排好视频拍摄时间：一是可以做成可落地的拍摄方案，不会产生拖拉的问题；二是不影响前期准备、后期剪辑工作进度。

4. 找好视频拍摄地点

室内场景或室外场景？再具体一点，街道或广场？等等。因为部分拍摄地方，你可能需要提前预约或沟通，这样才能不影响拍摄进度。

5. 参考 / 借鉴优秀视频

尤其是刚开始接触短视频制作时，自己想要的视频拍摄效果和最终出来的效果经常会存在差异。这时，建议提前学习一些视频拍摄手法和技巧，或者直接借鉴、学习达人的拍摄。

四、短视频脚本包含的要素

在拍摄脚本里面，我们要对每一个镜头进行细致的设计，主要包括如图 2-17 所示的几个要素。

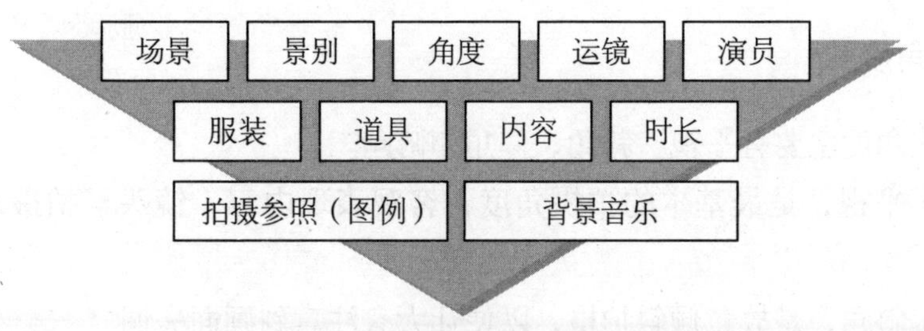

图 2-17　短视频脚本包含的要素

1. 场景

拍摄场景总体来说就是拍摄的环境。

比如，会议室、广场、超市、酒店、街道等。

2. 景别

景别是指拍摄的时候要用远景、全景、中景、近景、特写中的一种或是其中的几种。

比如，拍摄人物时，远景是把整个人和环境拍摄在画面里面，常用来展示事件发生的时间、环境、规模和气氛，比如一些战争的场景。全景比远景更近一点，把人物的身体整个展示在画面里面，用来表现人物的全身动作，或者是人物之间的关系。中景是指拍摄人物膝盖至头顶的部分，不仅能够使观众看清人物的表情，而且有利于显示人物的形体动作。近景是指拍摄人物胸部以上至头部的部位，非常有利于表现人物的面部或者是其他部位的表情、神态，甚至是细微动作。特写是指对人物的眼睛、鼻子、嘴、手指、脚趾等这样的细节进行拍摄，适合用来表现需要突出的细节。

即学即练

思考并回答：为了更好地展现紧张的眼神，我们一般选择什么景别呈现？

3. 角度

镜头角度主要有平视、斜角、仰角和俯角。

（1）平视，是最基本的拍摄角度，客观表现内容，镜头与拍摄对象眼睛齐高。

（2）斜角，是故意倾斜拍摄，以便让大家注意到画面失调。

（3）仰角，从低角度仰视拍摄，可以使对象更加高大或占据主导地位。

（4）俯角，从高往下片拍摄，让被摄人物显得比较弱小。

4. 运镜

运镜是指镜头的运动方式（摄像机镜头调焦方式），比如从近到远、平移推进、旋转推进。

5. 演员

剧本中扮演某个角色的人物。

比如，男主、女主、路人。

6. 服装

衣服、鞋子、包，以便演员根据不同的场景进行搭配。

7. 道具

可以选的道具有很多种，方法也有很多，但是需要注意的是，道具应起到画龙点睛的作用，而不是画蛇添足，不要让它抢了主体的风采。

8. 内容

内容指演员的台词、解说稿或者镜头内容、需要拍摄的画面等。台词是为了镜头表达而准备的，起到画龙点睛的作用。一般来说，60 秒的短视频，文字不要超过 180 个字，否则会让观众听着特别累。

9. 时长

时长指的是单个镜头时长，提前标注清楚，方便我们在剪辑的时候找到重点，增加剪辑的工作效率。

10. 拍摄参照（图例）

有时候，我们想要的拍摄效果和最终出来的效果是存在差异的，我们可以找到同类的样品和摄影师进行沟通，哪些场景和镜头是表达你想要的，画上了大概的拍摄角度和构图，摄影师才能根据你的需求进行内容制作。

11. 背景音乐（background music，BGM）

BGM 是一个短视频拍摄必要的构成部分，配合场景选择合适的音乐非常关键。

比如，拍摄帅哥美女的网红，可选择流行和嘻哈快节奏的音乐；拍摄中国风则要选择节奏偏慢的唯美的音乐；拍摄运动风格的视频就要选择节奏鼓点清晰的节奏音乐；拍摄育儿和家庭剧，可以选择轻音乐、暖音乐。

这方面需要多积累，学习别人是怎么选择 BGM 的，或者选择平台上近期爆火的 BGM。

12. 备注

可以在拍摄脚本最后一列打上备注，写下拍摄需要注意的事项，方便摄影师理解，写得通俗易懂就行，没有什么需要备注的就空着。

五、短视频脚本写作技巧

即学即练　短视频脚本写作要素及技巧？

脚本是短视频拍摄所需要的大纲，或者说是一个剧本。合理规划脚本的架构和逻辑且形成风格，能让用户更容易记忆，从而提升内容的吸引力。那么如何写好脚本呢？可借鉴如图 2-18 所示的技巧。

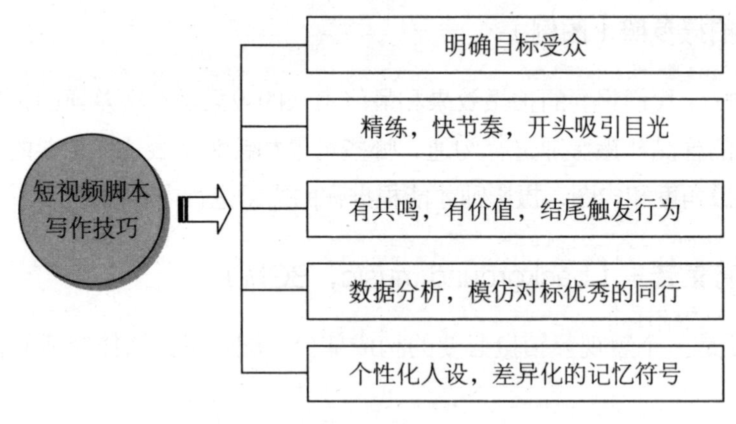

图 2-18　短视频脚本写作技巧

1. 明确目标受众

确定选题风格写文案之前，需要明白这个短视频的主题是什么？想要表达什么？是娱乐类的，还是干货类的，或者其他？明确目标受众的用户画像，他们关注什么？喜欢什么？讨厌什么等一系列的问题。弄清楚了这些，才能制作出让目标用户有感觉、有共鸣的作品，继而产生互动、分享等后续的行为，让视频的数据有更好的表现，进入平台下一波的流量推荐池。

即学即练 **思考并回答：在短视频脚本写作之前，为什么要明确目标受众？**

2. 精练，快节奏，开头吸引目光

考虑到短视频的时间限制，讲究一个快节奏，需要精练文案，迅速吸引目标受众的注意力。很多人是在碎片化的环境下看短视频的，不会在一个视频上面花太多的时间，同时，他也会有更多的选择，从一个视频到下一个视频，只要轻轻一划就行了。所以，开头的文案就非常关键，一定要有诱惑力，能够调动他的情绪，或者说激发他的好奇心，让他继续看下去。其实给到一个视频真正吸引用户的时间，就只有开头的三秒，如果在三秒之内没有吸引到他，可能人家就直接划走了。文案可以先写出来，然后浓缩、提炼精华，把其中一些不重要的东西删掉。有的短视频的时长可能一分钟不到，但可以说每一帧都是精华。

3. 有共鸣，有价值，结尾触发行为

短视频的结尾非常重要，要能够促使用户做一些动作，比如关注、收藏或分享转发等。写文案的时候，要注意激发共鸣，让人看完以后能够收获一些东西，触发一些情感。最后要有一个让观看者行动的触点，甚至有些人会故意说错一些话，来引导观看者在评论当中去纠正，其实也是变相地增加互动，让视频的数据表现更好。同时，视频内容要带给别人一些有用或者有趣的东西，让观看者收藏，或者说让他愿意分享出去。

4. 数据分析，模仿对标优秀的同行

想要做好短视频，千万不能闭门造车，一定要研究优秀的同行，对自己以往的视频进行数据分析，持续总结优化。先研究爆款，尝试模仿，有了经验再去创新。多关注一些在这个领域内做得好的同行，学会去拆解他们的选题，分

析他们是怎么做的。刚开始，可以把一些爆款的短视频下载下来，把他们的视频语音转成文字，去研究对方的框架结构。

比如，开头的三秒、中间的部分、结尾的这些地方他分别是怎么写的？看得多了以后，自己就会有感觉，比如什么地方应该做铺垫，什么地方应该“甩包袱”。

另外一点，视频发布以后，要关注数据的变化，文案不是写好了就行了，需要你根据视频的数据，进行分析总结，来调整下一次的文案写作。

5. 个性化人设，差异化的记忆符号

文案脚本要符合人设，有一定的特色，让人有记忆点。因为现在做短视频的人太多了，很多内容都是千篇一律的。

比如，舞者都穿一样的衣服跳一样的舞蹈，这样很难在竞争当中脱颖而出，因为同质化太严重了。

视频要有差异化的点，这就需要通过各个方面去优化，比如穿着装饰、特定的动作、特定的语言等，因此，在短视频的文案上面也要好好下一番功夫。

第三章

定位：手把手教你打造自己的专属账号

知识目标

1. 了解账号定位的作用。
2. 知道账号设置要素。
3. 掌握账号定位法则和公式。

技能目标

1. 实现账号的精准定位。
2. 会在视频平台注册个人账号、企业账号。
3. 按照账号定位设计账号名称、头像、背景图和简介等相关信息。
4. 按照账号定位，能够精准策划视频内容。

课程目标

通过引导学生从分析自己入手完成账号创建、定位，让学生学会审视自己，关注自身优点、特长，提升自信力。在短视频内容策划中，鼓励学生的创新性思维，勇于探索、敢为人先的改革意识。

学习引导

第三章 定位：手把手教你打造自己的专属账号

- **第一节 创建短视频账号**（基础）
  - 会操作：
    - 一、账号起名
    - 二、账号头像
    - 三、账号背景图
    - 四、账号个性化签名
    - 五、账号注册
  - 会养号：
    - 六、账号养号　知识拓展　抖音养号攻略
- **第二节 短视频账号定位**（重点）
  - 能定位：
    - 一、账号定位的法则
    - 二、账号定位的公式
    - 三、账号定位的步骤　知识拓展　如何做好抖音账号定位
- **第三节 短视频内容策划**（难点）
  - 擅策划：
    - 一、选题的策划
    - 二、标题的设计　知识拓展　短视频标题的 10 个“套路”
    - 三、开头的设计
    - 四、结尾的设计

案例导入

讲好山西故事　弘扬山西精神　做好山西宣传

说到山西，人们最先想到的可能是储量丰富的煤炭，但是，山西远远不止这些。山西是华夏文明发源地之一，历史文化底蕴无比深厚，百年中国看上海，千年中国看西安，五千年中国看山西，这里最早叫“中国”。芮城县西侯度遗址，人类文明第一把火在这里燃起来。尧舜禹建都、大禹治水、神农氏耕种、晋文公称霸、李世民太原起兵，都在山西这片热土，各民族思想在这里不断交汇、碰撞。五千年的华夏文明为山西留下无数的珍宝古迹，地下文物看陕西，地上文物看山西，山西全国重点文物保护单位有530处，雄踞全国第一。应县木塔、五台山、佛光寺、云冈石窟、晋祠、鹳雀楼、永乐宫壁画、双林寺彩塑，山西的一砖一瓦，雕梁画栋，全都凝固着千年的时光。这里还曾是中国当之无愧的金融贸易中心，中国第一家票号在这里诞生。不仅如此，三晋大地上人才辈出，一代女皇武则天，西汉名将霍去病，以及荀子、狄仁杰、司马光、罗贯中、关汉卿，都是山西人。山西还是中国无与伦比的诗歌帝国。中国人耳熟能详的王维、白居易、王昌龄、柳宗元、王之涣，都是山西人。即使到了现代，山西依然在不断发热，山西的煤炭资源丰富、分布广泛、品种齐全、质量优良。

从华夏闻名的一堆篝火起，山西人走过了太多起起落落，他们能站在时代的风口浪尖上叱咤风云，也能用忠义和智慧把平凡的日子过得有滋有味，酿出醉人的美酒，醇厚的陈醋，仅仅是面食，花样就有一千多种。晋善晋美，名副其实！

但随着新型工业化和信息化时代的到来，山西逐渐失去了存在感。山西锋瑞传媒，打造“这很山西”短视频账号，利用视频号讲好山西故事，为山西发声，为文旅赋能，让一系列山西的符号成为品牌输出，向全国乃至全世界推介山西。

思考：

1. 结合短视频创作初衷，观看“这很山西”短视频作品，说说账号是怎么进行定位的。

2. 观看“这很山西”的短视频作品，说说账号是从哪些方面进行选题策划的？

3. 列举“这很山西”一个案例照片，说说视频标题是如何吸睛的？结尾是如何升华主题的？

4. 看讲山西故事，为山西发声的“这很山西”，你体会到新媒体人的一种什么精神？

第一节　创建短视频账号

即学即练　**短视频账号设计？**

要想运营一个短视频账号，做好短视频账号设计是必不可少的。短视频账号设计包括账号名字、头像、背景图和个性化签名。

一、账号起名

一个好名字相当于一个人的品牌标识，让你与其他人区别开来，在用户心中形成定位，同时让你的名字与某一个领域或者某一个品类等价。

1. 账号起名的标准

在这个信息爆炸时代，消费者的注意力被无限瓜分，辨识度成了短视频平台命名的首要因素。在快速划过的手机屏上，让人一眼记住的名字才有被关注的希望。

即学即练 **账号起名的标准是什么？**

那么，如何起账号昵称才能让用户记住和关注呢？记住如图 3-1 所示的三个标准。

图 3-1　账号起名的标准

2. 账号起名的关键点

（1）表明立意，即“我是谁，我干什么”。

昵称首要表达的有两件事：“是谁”“做什么的”。取一个昵称的目的是能让用户一眼就明白账号的定位，直接减少沟通成本，不会让用户因不理解昵称意思而内心毫无波动，从而打消用户关注此账号的积极性。

（2）植入相契合的关键词。

取昵称其实就是在变相地植入关键词。首先明确好账号的定位，想清楚自己要表达哪一方面的内容，然后在昵称中加入贴合的内容关键词。

（3）规划一个方向，切勿频繁地更换昵称。

一旦账号有了精准的定位，确定好固定的昵称以后，就需要尽全力生产符合此内容的视频，争取在一个方向上越走越远。那么，自然而然就引出了取昵称的第三个关键点，切勿频繁地更换昵称。因为，当账号以某个昵称发布了一些内容，经过一段时间就会产生一定的用户群体。但还有个别用户处在摇摆不定的状态，在账号发布视频时会看，但不会选择关注。如果账号不断地更换昵称，必然会遗失掉这部分人，从而影响后续的联动发展。

3. 账号起名的方法

（1）用真名或者网名。

用真名或者网名打造人设，让别人一想到这个名字就想起账号。这种类型的账号名称比较适合歌手、演员、名人等，因为他们自身就具有一定的知名度，用自己的真名更有利于被用户发现。

小提示

用真名或网名做账号名称时需要注意，应尽可能选择重名率较小的名字。如果账号重名很多，别人一搜名称会出来很多重名的，就很难让我们的账号与别人的区分出来。

（2）名字＋专业领域。

假设我们的账号定位是美食领域的，可以按"自己名字＋美食范围"来命名。

比如，看到"鑫妈家常菜"这个账号名称，用户大致就知道账号输出的主要内容是关于家常菜做法分享，以及一些厨房常识分享。

（3）产品/品牌＋昵称。

用产品或品牌＋昵称起名可以增强品牌的曝光量，这种名称类型也是比较常见的。

比如，"左先生·婚礼宴会设计"，就能让用户直观地了解到账号与婚礼宴会设计相关。

（4）名字＋职业。

这类账号名称比较适合知识输出类账号。

比如，用户看到账号"薄世宁医生"，就能知道账号的定位是一位医生，那么账号的内容输出大概就是医学科普或者医生的工作日常。

（5）小众领域＋名字。

小众领域可以分为电影解说、书籍解说、动漫混剪等。

比如，用户看到"阿火说电影"，根据名称就可以判断出账号定位是关于电影解说的。

需要注意账号输出的内容要和名称领域相关，不能名称是书籍解读，发布的视频内容却是动漫混剪。账号名称与视频内容对不上，会让用户一头雾水，不知道账号的定位是什么。

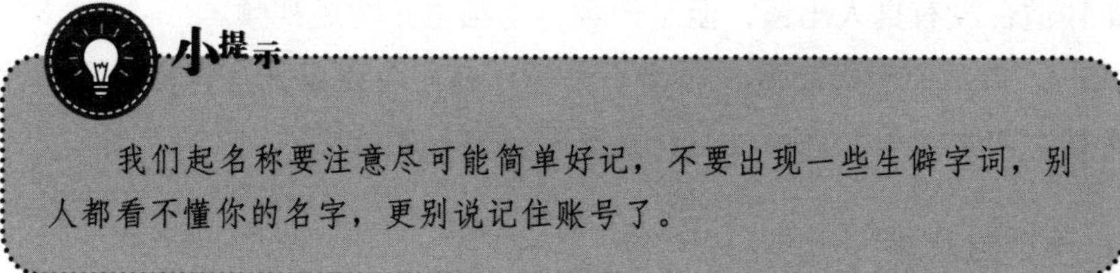

我们起名称要注意尽可能简单好记，不要出现一些生僻字词，别人都看不懂你的名字，更别说记住账号了。

二、账号头像

头像往往是识别短视频账号的一个重要标准，很多“粉丝”关注短视频的时候，其实头像也是有着一些影响的。那么，我们做短视频的话，究竟应该如何选取头像，才能吸引到“粉丝”呢？可参考如图 3-2 所示的方式。

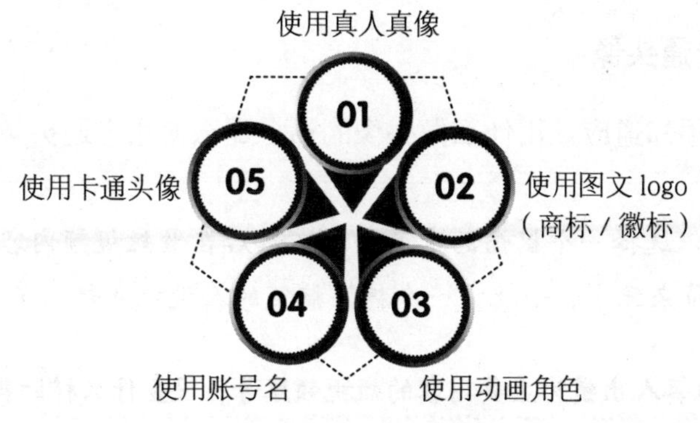

图 3-2　账号头像设置的方式

1. 使用真人真像

真人头像比较适合有真人出镜的短视频，而且当用户看到真人头像的时候，也会更觉得亲切一些，从而吸引他们点入账号，尤其真人头像本人是美女、帅哥，或者搞笑的，更容易吸引观众点进短视频主页，如果主页内容还不错的话，就会引发关注了。

2. 使用图文 logo（商标 / 徽标）

主要适用于一些品牌方做头像，直观形象，而且也能强化自身的品牌形象。

3. 使用动画角色

比较适合没有真人出镜，但是内容有动画主角的短视频。

比如，动画小和尚的图片、猪小屁等，都是短视频主角，当用它们作为头像的时候，用户立刻就能知道短视频账号的定位是什么。

4. 使用账号名

如果企业的品牌商标没有那么众所周知，也可以用账号做头像，商标和名字两者可以结合，尽可能帮助浏览者认识自己、记住自己。

一般这种头像都比较简洁，但要注重一些设计感，毕竟头像本身就是账号名称了，如果只是黑色大字摆在那里，是无法吸引用户的。简单的可以使用背景色和字体对比强烈的颜色，复杂的则可以将账号名称用艺术字体表现一下。

5. 使用卡通头像

如果实在不知道应该用什么做头像的话，那么使用卡通头像也是一个不错的选择。

比如，可以选择一个搞怪的卡通头像，然后在做短视频内容的时候，就可以用搞怪配音员来配音，如此，一个搞怪搞笑的人设就立起来了。

即学即练　**以真人出镜为主要内容的短视频账号，设置什么样的头像比较合适？**

三、账号背景图

背景图是用户在点开你的短视频账号页面时会出现的一张图片。主页背景图作为用户点进主页最抢眼的部分，它的功能在于引导关注，深化用户对知识产权的认知印象。所以，短视频运营者可以应用具有特色的图案或有趣的话语为用户提供心理暗示。

比如，“差一点，我们就擦肩而过了！”“点这里！就差你一个关注了！”等。

此外，背景图的颜色应该与头像颜色相呼应，与账号主体是统一的风格，同时背景图还要美观且有辨识度。

比如，“软软大测评”的背景图设计就非常好。首先背景图的颜色与账号颜色是相呼应的，背景图上萌萌的化学试剂的卡通图与账号头像的卡通图也是相呼应的。另外，背景图上的文字“点赞评论加转发，软软让你乐哈哈”“关注一下吧”则是引导用户关注的。可以说，“软软大测评”的背景图是一个标准的模板了。

背景图会被自动压缩，只有下拉时才能看到下面的部分内容。所以，最好把想要表达的信息留在背景图中央偏上的位置。

课程思语

新手在设置账号头像、名称、背景图等内容时，要有明确的知识产权意识，既不侵犯别人的知识产权，也要注重保护自己知识产权，增强社会法治观念和规则意识。

四、账号个性化签名

一个完整的短视频账号设计除了账号名字、头像和背景图外，还有很重要的一点是个性化签名。个性化签名一般能够向用户传递你能为他提供什么，也能让用户看到你的个性所在。尤其当用户不是非常熟悉你的短视频内容时，精准的个性化签名不仅可以准确地让用户知道你的定位是什么，即你能提供的内容是不是用户需要的或感兴趣的，还可以让用户知道你的态度和理念是什么。所以，短视频运营者也要注重个性化签名设计，根据你的定位设计个性化签名，突出 2 ~ 3 个特点，用一句话表述清楚即可。

一般有如图 3-3 所示的三种形式。

图 3-3　账号个性化签名的形式

1. 表明身份

即用一句话向用户介绍自己的身份，一般的句式是形容词 + 名词。

比如，“papi 酱”的个性签名是“一个集美貌与才华于一身的女子。”“刘老师说电影”是“我是知识嗷嗷丰富，嗓音贼啦炫酷，光一个背影往那一杵就能吸引粉丝无数的刘老师”，一句话向用户传递了短视频博主的形象。

2. 表明技能

用一句话表明自己在入驻领域能够输出的内容和技能是什么，能够给用户带来什么。

比如，“秋叶 Excel”的个性签名是“关注我，Excel 边玩边学，还能获取海量办公神器！”

3. 表明理念和态度

这种个性化签名常以金句或走心的句子表现出来，展示自己的内心态度和理念。

比如，“一条”的个性签名是“所有未在美中度过的生活，都是被浪费了。”

值得强调的是，很多短视频运营者会选择多平台建立短视频账号矩阵，为了能够扩大账号在各大平台上的影响力和帮助用户迅速识别你的短视频账号，短视频账号一经确定后，就要在各个短视频平台上保持一致，不要随意更改，以免影响用户和“粉丝”对账号的识别和认知。

五、账号注册

1. 注册的步骤

现今注册短视频账号是非常简便快捷的，简单三步就能轻松注册账号：

第一步，输入手机号码或是选择其他方式登录；

第二步（以手机号登录为例），点击获取验证码，将收到的验证码粘贴至验证码输入框处；

第三步，登录，选择或跳过通信录好友，账号注册并登录完成。

2. 注册后认证

认证是平台对用户身份真实性的确认。短视频平台对创作者的认证大体上分为三类：个人认证、机构认证和企业认证。个人认证适合个人申请，包括线上线下各职业身份的从业人员，一般各平台都设定有一定的认证门槛，比如优质的创作者、知名度较高的公众人物、某领域专家等。机构认证适合国家机构、媒体、学校及其他非营利性机构。企业认证适合具有盈利性质的企业（图 3-4）。

认证流程按照平台指示，逐一提交相关资质即可，在指定工作日内，平台进行审核，确定是否通过。

图 3-4　企业认证试用

小提示

不完成实名认证，就不能提前绑定银行卡，虽然也可以正常发视频和浏览视频，但是若想提现的话是不能实现的，必须提前绑定银行卡后才可以完成提现工作。

3. 注册注意事项

（1）尽量用手机号码注册。

（2）完成实名认证。

（3）能完善的信息尽量都完善。

（4）思考个人定位、定位相关垂直领域。账号名称、简介、头像要和垂直领域相关，尽量不要频繁修改，特别是头像和昵称。

（5）要上传高清的头像，尽量是原创设计的。

（6）各个平台能互绑的都绑定一下，尤其是头条系的。

（7）账号名称和简介要与你的垂直领域相关。

（8）地区不要随便填，这个对吸引同城“粉丝”来说很重要。

六、账号养号

对于新注册的短视频账号来说，容易遇到新账号播放量不高、很少热门等问题，这个时候就需要养号。养号的目的是使自己的账号定位更加清晰，目标客户更为精准，平台更易于识别账号，从而进行有针对性的推荐。

1. 什么样的账号需要养

（1）新账号刚注册，没权重、没标签，需要养号。

（2）老账号用得少，可观看的作品太杂，需要养号。

（3）发布 10 个作品以上，播放量不超过 500，需要养号。

2. 养号技巧

新账号注册后，用户不要完善资料和进行实名认证，不要发布任何视频，不要急着卖货和做广告，也不要进行任何敏感操作。

（1）首先去关注几个比较热门的“大V”号，给别人点点关注，先看几天别人的作品。

（2）可以去同城页面，进入人数较多的直播间，看一会直播，挂上半小时，偶尔发一句弹幕，内容为正常的打招呼就可以。

（3）在垂直领域多关注同行，对优质作品进行点赞、转发和评论，保持活跃度，增加账号的权重（此时不要发广告）。尽量合理安排时间，让系统判定你为真实用户。

知识拓展

抖音养号攻略

1. 如何养号

抖音养号，简单地说就是真人实操，养成好习惯，让系统给你打上相应的标签，以达到积累权重的目的。具体操作如下：

（1）短视频号一定要用手机号申请并登录，手机号要实名；

（2）账号关联可以关联今日头条号，增加账号权重；

（3）养号记住“三个一”，即一机、一卡、一号，不要在一部手机上同时切换两个账号；

（4）内容垂直、账号标签化，如果你做美食内容，你就多看美食作品、多关注美食类的账号；

（5）关注10个以上的同类目账号，直到系统给你推荐的60%以上是你关注的领域，这样你的账号就被系统打好“标签”了；

（6）看推荐视频、同城视频，分不同时间段观看，每天一小时以上，看作品一定要注意完播率、不要刷得很快、好的作品一定要看完，然后点赞，有些需要评论就评论；

（7）养号期间不要频繁修改资料，不要留下任何联系方式，不发视频；

（8）不用公共网络，要用手机流量操作；

（9）评论不要出现敏感话题；

（10）也可以多关注同行的直播间，适当刷几块钱的小礼物，对提高号权重有帮助。

2. 如何判断抖音养号成功

养号7天后发一个测试视频，一般播放量在300～500，即证明养号成功。

3. 抖音账号违规如何补救

养号期间如果收到系统警告、限流，最简单的操作方法就是修改信息，然后再养七天号，养号完成后再做视频测试。如果播放量在几十以内，即正面养号失败。建议安卓手机直接恢复出厂设置，苹果手机刷机，重装系统，换ID。

第二节　短视频账号定位

俗话说“先谋而后动”，只有前期做好了详细的规划，后期才会事半功倍。账号定位的主要目的就是确定账号的主攻领域。短视频账号定位地越明确、领域越垂直，“粉丝”就会越精准，商业变现也就越轻松。

一、账号定位的法则

一个账号该如何定位呢？它需要遵循如图3-5所示的三大法则。

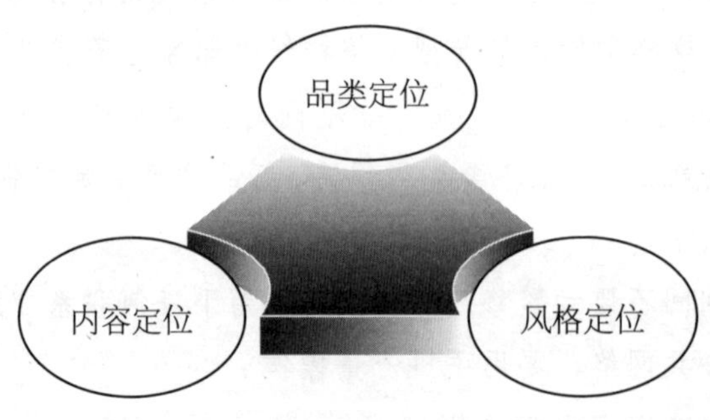

图3-5　账号定位的法则

1. 品类定位

账号领域一般决定着短视频的内容走向，影响着后续短视频的播放量与变现能力。某种程度上说，账号领域选得好，就成功了一半。但是，对不少短视频运营者来说，选对账号领域并不是一件容易的事情。运营者若是选择热门的账号领域，比如娱乐、情感、美妆、汽车等领域，往往会因为该领域已经有很多成熟的、优质的短视频账号而难以形成竞争优势；相反，如果运营者选择冷门的账号领域，可能会面临受众少、内容冷门而难以打开局面。刚开始做短视频运营的运营者在选择账号领域时，要首选自己擅长、有经验、有资源的领域，这样更容易成功。例如，短视频运营者个人擅长美妆，可选择入驻美妆领域；美食商家可以入驻美食领域。

品类可大可小，但是要具体，比如你想卖服装，你不仅要定位为“服装”，更要具体定位到是男装还是女装，什么年龄段的，总之就要做细分精准定位。

我们可以选择一个领域，但不能在每个领域都做。今天做美食，明天做健康，容易导致定位混乱。我们要做的是，当读者提到“美食”时，就能想起来你的账号，这样才是一个成功的品类定位。

2. 内容定位

品类定位选好后就是内容定位了，内容定位很重要。不是说你随手一拍，配个音乐上传就可以了，只有内容，没有定位，想要做好一个账号是不行的。

所谓内容定位，就是要清楚你准备给观众输出什么内容，传递什么价值。

比如，有一些博主做好物推荐或者生活小技巧的分享，相对应的群体有这方面的需求就会关注你，这也就体现了你这个账号的价值。

我们做短视频最重要的是向观众传递价值。只有当观众看到你发布的内容，觉得对他们有用的时候，才会关注你的账号，成为你的“粉丝”。靠内容涨上来的“粉丝”，都是对你分享的领域感兴趣的群体，更加精准，更加靠谱。内容是我们“涨粉”的核心，也是我们获得平台流量的核心。

因此，在做内容的过程中我们应遵守如图 3-6 所示的三个原则。

价值原则

有价值的内容才会吸引用户去看，有价值的账号用户才会关注。短视频之所以能够带货的核心无非是这几点：便宜、实用、有趣、好看。要清楚我们的内容或者商品能为用户带来哪种价值，比如为口红带货时，如果在文案及视频中展示该款口红持久不脱妆的妆效，一定能触及大多数女生的痛点，从而激发观众的购物欲

差异原则

怎么才能让用户在众多同领域账号中记住我们呢？内容必须要有差异性，如何打造差异化可以从这几个方面进行考虑：人设、拍摄手法、拍摄场景、视觉特效等精细化运营的方式，提升视频的质量

持续原则是最重要的一个原则。假如以上几方面做得再好，如果不坚持稳定输出内容，那么按照平台的规则和算法机制，账号的权重就会下降，用户会因此流失。在方向、思路找对的前提下，坚持产出优质内容才能提升爆款视频出现的概率

图 3-6　内容输出应遵守的原则

3. 风格定位

风格定位是指你选择某种表达方式，并长期坚持而形成的消费者印象。你可以是真人出镜，也可以戴个面具，或者只是以图片的形式表现，这都是可以的，重要的是你要形成你的风格，让观众一眼看过去就知道这是你的账号。

选择自己喜欢的表达方式，并在画面的呈现上与众不同，坚持下来，这将会形成你自己的鲜明的风格定位。

二、账号定位的公式

即学即练 **短视频账号定位（公式＋方法）**

账号的定位将决定着账号主攻的领域，也影响着我们会吸引到什么样的用户、我们的目标用户会不会关注我们等，总体来讲，账号定位越准确，“粉丝”越精准，我们转化“粉丝”就越容易。对于一个新手“小白”来说，可以根据公式进行定位：定位＝人设＋场景＋呈现方式＋主要内容形式＋记忆点＋价值。

1. 人设

这里的人设不单单指出镜人的人设，也可以指我们整体账号的人设。出镜人的人设可以是自己原本的职业或者演绎的职业，单单一个职业是不够的，还要加上一个形容词。

比如，账号的人设是老板，那可以是暴躁的老板、迷糊的老板、体贴的老板，也可以是善良的老板。如果一个人设没有性格特征，也不是一个完整的人设。

课程思语

建立一个IP，首先要从审视自己入手：我是谁？我是干什么的？我有什么特征和优势？我凭什么让别人喜欢？发掘并找准自己身上能吸引人并有辨识度的一个或几个特征或优势，增加自身的辨识度，并不断通过作品，重复给观众形成记忆点，强化你的标签，形成用户对你的固定印象，从而建立自己的人设。当然人设建立在向用户展示自己的优势和特征，而不是去伪造、添加一个原本不具备的特质，那些因夸大个性和能力导致人设崩塌的，最终也只能一切归零。

2. 场景

场景顾名思义就是拍摄的场地，我们可以根据产品或者人设选择适合自己的拍摄场地。

比如，老板可以选择在办公室，医生可以选择在医院。

当然你也可以选择另辟蹊径，比如厨师的人设偏偏不在厨房，要在室外做饭也是可以的，反倒打造了自己的记忆点。场景可以不一样，但不要脱离产品或者人物本身。

3. 呈现方式

呈现方式是指用什么形式输出内容，例如口播、情景剧、图文、vlog（视频记录）等，这些都可以是我们的呈现方式。这个呈现方式一般都会在一步步中完善。

比如，一开始是做口播，但效果不是很好，就会转变呈现方式，转为做 vlog。

无论怎样转变呈现形式，最重要的是输出的内容不要变太多。

4. 主要内容形式

主要内容形式是指输出内容，即你的账号是干什么的。例如讲知识、才艺表演、生产过程、产品测评、产品展示等，这一步是在决定我们账号的性质。短视频内的内容形式大致分为颜值类、才艺类、兴趣类、知识类、剧情类，这些内容也会细分为如图 3-7 所示的品类。

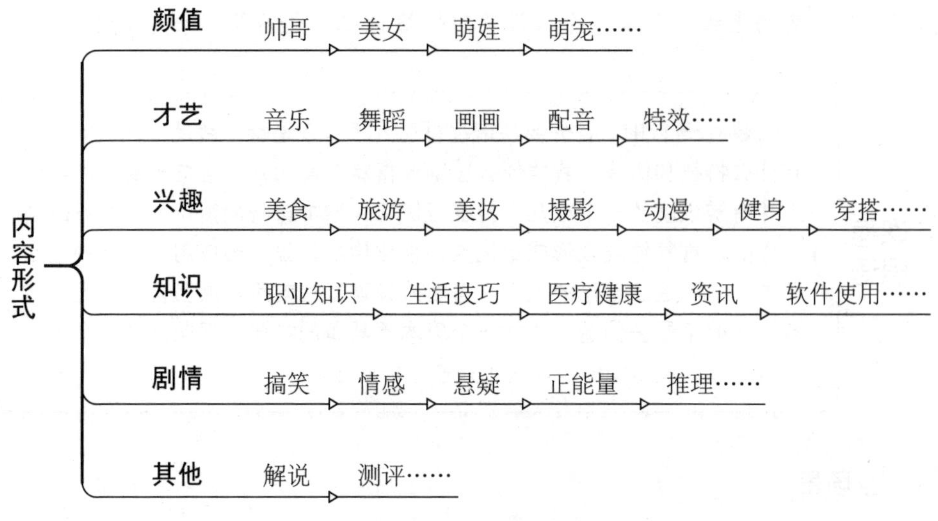

图 3-7　内容形式的细分

我们运营短视频一定要选择准某一项，然后专心做这个内容，不可以随意切换。

5. 记忆点

记忆点就是让用户能记住的一个点，这一点不局限于人物本身、环境、着装、语言、动作、背景音乐等。

这些都可以是我们的记忆点，打造记忆点最关键的就是让观众记住，所以我们一定要重复记忆点，千万不要一个视频换一个记忆点。

6. 价值

价值就是你能给用户带来什么，或者换句话说，为什么别人要关注你。别人可能是因为欣赏选择关注，也可能是想获取知识或者想学习技能。如果连你自己都说不上来为什么别人要关注你的话，那就说明你做的内容还是不够好，需要再打磨自己的账号内容。

三、账号定位的步骤

在进行短视频账号定位时，可以参考如图 3-8 所示的步骤进行。

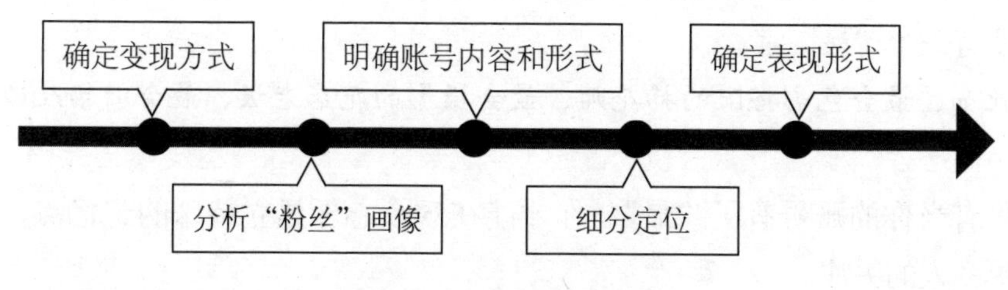

图 3-8　账号定位的步骤

1. 确定变现方式

在做账号定位前先明确变现方式，先考虑变现再考虑定位。变现方式可以结合产品信息、企业的商业模式、自己擅长的领域来确定。

比如，你擅长做剪辑，那么后期可以通过卖剪辑课来变现。

2. 分析“粉丝”画像

明确变现方式后，需要根据变现方式来确定目标群体，也就是你想要吸引什么样的“粉丝”。通常“粉丝”画像包括性别、年龄、人性共性等方面，从这些方面来分析他们的消费习惯和消费喜好。

3. 明确账号内容和形式

在明确了账号的整体方向后，接下来需要明确账号的内容和形式。最好的方法就是参考同行账号，做竞品分析，借鉴他们做得好的地方，不断优化自己的账号。

分析同行账号，我们可以从主客观两个角度出发。

（1）主观分析。

第一，分析同行账号内容对观众的吸引度，分析这种类型的账号是否受用户的欢迎。

第二，从账号内容的优缺点进行分析。

比如，账号的转化率和变现率如何，如果转化率不高，自己也没有做的必要。

（2）客观分析。

第一，分析用户习惯。观察同行账号近 1 ~ 2 周作品的发布时间、发布频率，总结哪个时间段的流量最好，从而减少自己试错的时间。

第二，分析同行的差异点。无论是做什么类型的账号，想要获得用户的关注，都需要有一个“最”字。

比如，最会色彩搭配的插花师、最会摄影的花店老板、最会旧物改造的绘画家……

只有当你的账号有了“最”，你才能在观众心理建立特殊的记忆点，成功获得更多人的关注。

第三，做好市场调研。观察同行账号至少近期一个月的流量情况。根据流量反馈来分析市场饱和度。如果一个有十几万甚至上百万“粉丝”的大号，作品流量只有几千，那么说明这种类型的市场需求可能不高。那么，对于一个“小白”来说，想要从 0 ~ 1 做好同类型的账号，可能要花费更多精力。

4. 细分定位

账号总体的定位确定后，接下来就需要细分定位了，包括出镜演员的确定、人设的定位及打造等。

人设的定位也是打造账号差异化的重要方法，就好比提起集美貌与才华于一身的女子，大家就会想起“papi 酱”一样，人设会给用户留下非常深刻的记忆点。那么，在做人设定位时需要考虑到哪些因素呢？具体如表 3-1 所示。

表 3-1　人设定位需考虑的因素

序号	考虑因素	具体说明
1	形象和个性	人设的第一个表现形式，就是人物的形象和个性，毕竟观众看短视频了解一个人，首先就是从人物的形象和个性来进行了解的，包括我们的个性特征、面部特点、穿着等。另外就是个性的展现，比如甜美的笑容一般可以展现人物温柔可爱的个性，冷酷的表情则一般可以展现人物高冷的个性等
2	理念	在定位短视频的人设的时候，我们需要先考虑好理念，比如教大家三分钟化妆出门、简洁朴素的生活方式、健康生活养成等，都属于一种理念的考虑。需要注意的是，在考虑理念的时候，还应当考虑到该理念是不是符合短视频主角的形象
3	行为	想要加深人设，那么行为也是非常重要的，比如搞笑人设，就可以从说话方式、口头禅、小动作等方面来进行考量，例如一口流利的地方方言、有趣的口头禅等，都可以加深这种搞笑人设
4	声音	并不是所有的人设都需要用到声音，但不可否认的是，声音往往可以给我们的人设提供很大的加成。比如甜妹的声音、“御姐”的声音、“正太”的声音等，都可以体现人设的一大特点。值得一提的是，如果不想要展示自己的声音，那么也可以用“九锤配音”，可以选择配音员，包括“御姐”音、“萌妹”音、方言配音、动漫音等
5	兴趣爱好	在做短视频的人设定位时，最好选择自己感兴趣的方向，和自己日常的真实性格不要相差太远。比如平时喜欢做美食，在做短视频人设的时候，就可以定位美丽俏厨娘；若养了宠物，就可以定位爱宠人设等

即学即练　账号总体定位确定后，在打造人设时要考虑哪些因素？

课程思语

若一个好的短视频人设已经深入人心，其积累的“粉丝”流量和用户信任度，以及带来的商业价值都是无法想象的，作为公众人物，在享受来自大众和消费者的掌声、鲜花和支持的同时，应不负大众的信任，担负起更多的社会责任和担当。

5. 确定表现形式

确定了以上内容后，就可以根据实际需求和团队情况，选择合适的表现形式。出色的表现形式能让短视频内容更出彩。一般来说，常见的表现形式有如图 3-9 所示的几种。

实拍类的视频是短视频的绝对主流内容，它的适用性最强，可应用范围更广，展现出的内容更具真实感、代入感，更贴近用户。如“七喜”的短视频就是实拍类，通过真实的场景和人物，给用户带来熟悉的感觉

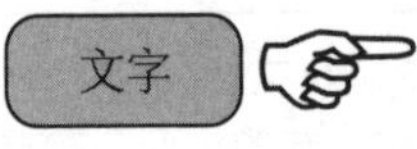

这类形式的短视频门槛最低，成本最少，一般账号能达到数十万“粉丝”级别已经算不错了，“粉丝”数的“天花板”很快就达到了

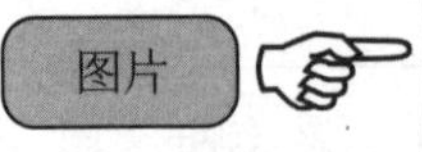

图片形式类似于 PPT，常常整合了图片和文字这种形式的短视频，常与文字情感相结合。这类形式的短视频相比较于实拍类短视频，操作简单，制作流程也很简短

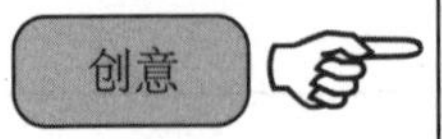

这种形式的短视频常通过一些创新的艺术表现形式吸引人的目光

图 3-9　常见的表现形式

短视频运营者在定位时，就要明确自己短视频的表现形式。最好能在一段时间内将表现形式保持统一，这样可以加深“粉丝”的印象，同时也能降低短视频创作的难度。

知识拓展

如何做好抖音账号定位

在抖音账号运营的四大维度中，账号定位是基础，也是后续爆发增长、商业变现、持续生存的第一步。

1. 选择切入赛道

在开始做一个新账号前，要先考虑好账号的行业方向。“热门赛道”有更多成功案例可以参考，相对而言竞争也更加激烈。而一些小众领域虽然内容受众不够广，但是更容易做出创新的优势，尤其是近几年垂直类的内容在抖音大受欢迎。

抖音各类账号盘点

类型	细分领域	热度
颜值类	网红帅哥 / 美女	★★★★★
	萌娃	★★★★
	宠物	★★★
	穿搭	★★★
	时尚	★★
才艺类	音乐	★★★
	舞蹈	★★★
	创意	★★★
	美妆	★★★★★
兴趣类	游戏	★★★★
	摄影教学	★
	动漫	★★
	旅行	★★
	种草	★★
	美食	★★★★★
	汽车	★★★★★
	户外	★★★

续表

类型	细分领域	热度
知识类	知识资讯	★★★
	健康	★★
	教育	★★
	职场教育	★
	家居	★★★
	科技	★
	办公软件	★★
	文学艺术	★★
	手工手绘	★★
剧情类	剧情	★★★★★
	影视娱乐	★★★★★
剧情类	搞笑	★★★★★
	情感	★★★★★
	生活	★★★

2. 确定“赛道”的功能价值

所谓功能价值就是，对观众来说，你的账号可以带给他们什么，对他们有什么好处，提供什么服务？简单来说，给观众一个关注账号的理由。

如：教你做好吃的菜、教你买便宜优质的产品、教你生活小妙招、推荐一些本地好吃好玩的攻略、介绍各地风土风情、测评热门产品避免“踩坑”、和你分享创业经验、为你免费提供理财建议、表演才艺或段子给你看……

3. 找到角色定位

通常情况下，我们把抖音上的人设类型按照观众视角分为三大类，即仰视型、平视型和俯视型。

（1）仰视型。

打造仰视型的人设有三个要素：一是人设 / 角色有突出的品格；二是经历稀缺，难以复制；三是在专业领域有一技之长。

（2）平视型。

平视型人设通常是“优点与缺点并存”的普通人，也是生活中交集最多的人，如同学、同事、亲戚、闺蜜、家人、伴侣等。

（3）俯视型。

俯视型人设更多是娱乐、服务观众的存在，“接地气”，没有什么偶像包袱，常通过扮丑、反串等演绎来达到搞笑的效果。

4. 设计人设的辨识度

“好看的皮囊千篇一律，有趣的灵魂万里挑一。”在设计人设/角色的时候，需要有能让观众印象深刻的“点”，观众才能真正记住这个人物、记住这个账号。打造人设的辨识度可以从人物性格、经历、穿搭、口头禅（高频词）这四个方面入手。

5. 形成完整的账号画像

在完成完整的账号设计之后，我们要用一句话来概括“这个账号是做什么的”。如果能够清晰地用一句话来表达，那么说明对于账号的思考是很清晰的。

举例如下。

@MR- 白冰：钢铁直男——爱好车，特宠粉，超爱吃，不挑食（人设清晰，突出车/吃/宠粉）。

@康仔农人：记录农村美好生活，和大家一起分享乡村传统美食，给大家传递一份小小的快乐(突出农村、美食、快乐)。

@陶白白 Sensei：关于星座的一切，我来告诉你（突出专注星座领域）。

6. 参考对标账号，优化调整

想要找到合适的对标账号，可以打开飞瓜数据的“播主排行榜”，选择相应的榜单，选择想要查看的行业，就可以找到该类型的优质账号。根据不同的需求，也可以查看不同的榜单来查找对标账号。

7. 参考账号“装饰”，完成内容信息搭建

（1）账号主页。

①昵称：一般分为两个类型，一是突出人设，二是突出账号功能。

②头像：若有人设应尽量真人出镜，图像清晰，有辨识度。

③背景：与账号定位相结合，突出账号的属性。

④介绍：博主信息 + 账号介绍 + 更新时间 + 商务方式。

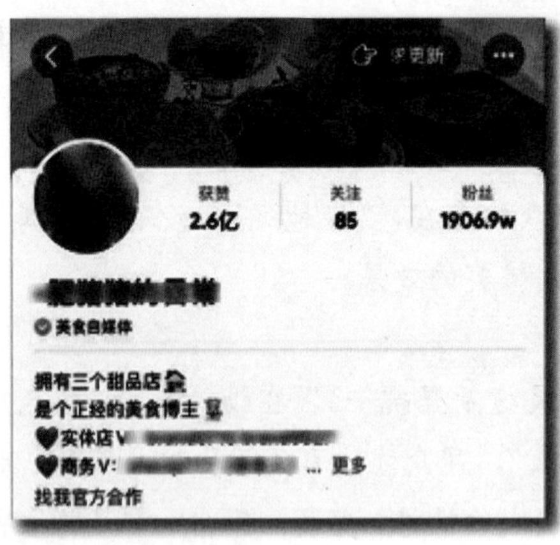

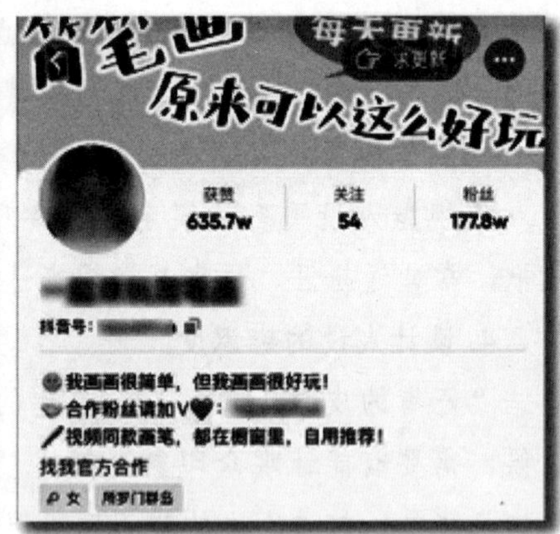

（2）视频封面。

①人设号建议突出出镜人设，加深观众记忆度。

②封面带上视频关键词，更能激发观看兴趣。

③连续剧集封面保持系列感，整体观感上统一。

8. 分析账号数据，着重关注拐点

查看账号近 90 天内的“粉丝”增量趋势图，看看是否有爆发点，重点分析增长爆发点前后，视频内容的变化。同时也要特别注意“涨粉”的“低谷区域”，看看是什么原因导致“涨粉”效果欠佳。

查看“涨粉”高峰和低谷所对应的视频，对视频进行分析并形成表格，可作为素材库使用。分析可以从视频的选题、脚本、演员、音乐等方面进行。同时，可以关注该视频的评论热词，查看观众的喜好点，进一步把握同类视频的拍摄方法。

9. 分析观众画像，聚焦目标群体

观众的性别、年龄、地域是最基本的观众画像特征，在此可以初步判断以下内容。

（1）性别比例：男性还是女性更多。如果某种性别的用户占有绝对比例，那么内容可以更偏向某一侧。

（2）年龄区间：青年、中年、老年群体的占比情况，作为视频题材类型、语言风格的参考（比如，同样是剧情类内容，聚焦职场的受众多为年轻群体，拍摄家庭婆媳关系的受众多为中老年群体）。

（3）地域分布：南方还是北方观众更多？是否有哪个城市集中分布？城市级别如何（一线城市高端用户多，还是三四线下沉用户群体多？）

喜欢看该某一播主视频的观众，还喜欢看哪些账号的视频？利用“粉丝重合度”的功能可以帮助你发现更多的同类账号，快速找到对标的竞品进行分析学习。

第三节　短视频内容策划

随着短视频越来越多的题材，运营者也越来越注重内容策划。内容规划是一项比较复杂、烦琐的工作。在内容策划过程中运营人员需要融入更多创意，才能获得更大的曝光量。

一、选题的策划

即学即练　**短视频选题策划（选题原则＋选题维度＋建立选题库）。**

做短视频时一定要提前做选题内容规划，这样更容易出精品视频，而且更容易吸引精准用户，提升用户的黏性。

1. 短视频选题应遵循的原则

短视频选题应遵循如图 3-10 所示的四个原则。

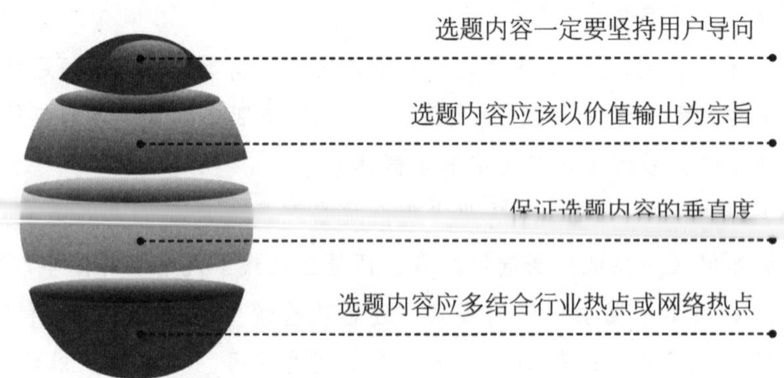

图 3-10　短视频选题应遵循的原则

（1）选题内容一定要坚持用户导向。

选题内容要“接地气”，贴近用户，以用户需求为目标，千万不能脱离用户、“粉丝”对于内容的需求。换句话说，我们在做选题时应该优先考虑用户的需求和喜爱度，这也是保证我们视频播放量的重要影响因素，往往越是贴近用户、“粉丝”的内容，越是能够得到他们的认可，触发视频的完播率。

（2）选题内容应该以价值输出为宗旨。

对于内容，要输出有价值的“干货”，我们做短视频节目输出的内容，一定是对大众有益的。也就是说我们尽量选择有价值的“干货”内容。“干货”内容的一大特色就是会直接触发用户收藏、点赞、评论、转发的行为，帮助我们传播内容，从而达到裂变传播的效果。

（3）保证选题内容的垂直度。

垂直内容才能吸引精准“粉丝”，提高我们的专业领域的影响力。做短视频，定位好领域之后不要轻易地换领域，这样打造的短视频账号垂直度不高，内容选题比较杂，用户“粉丝”也不精准，应在某一个领域内长期地输出内容，这样更容易占领头部的流量。

（4）选题内容应多结合行业热点或网络热点。

网络热点跟得紧，可以在短时间内得到大量的流量曝光，对提升视频播放量和吸引“粉丝”有非常重要的影响。我们在做选题时除了有常规的日常选题之外，一定要提升新闻敏感度，善于捕捉热点，蹭热点。

我们在策划选题时要优先考虑什么？

课程思语

随着新媒体技术的快速发展，短视频已经成为网络信息传播主流，其内容策划应在弘扬社会正能量、助力乡村振兴、服务“三农”经济等方面发挥应有的宣传和引导作用。

2. 短视频选题的维度

策划短视频选题的时候需要考虑如图 3-11 所示的五个维度。

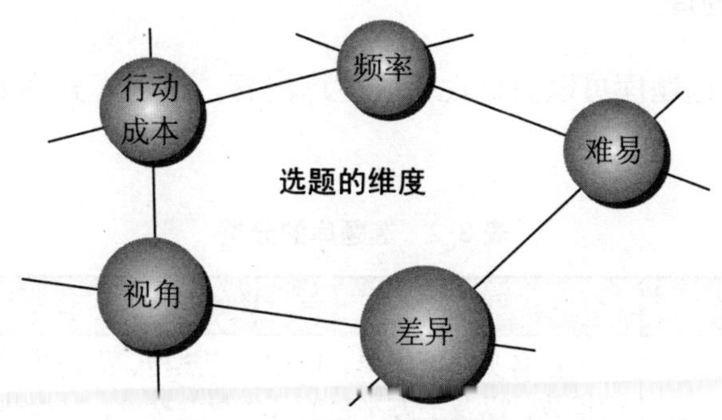

图 3-11　短视频选题的维度

（1）频率。

选题的内容，在用户、“粉丝”的需求和痛点上是不是存在高频发生率，换而言之就是目标用户、“粉丝”群体的大众话题，只有用户、“粉丝”的高频关注点，才能引发更多播放量。

（2）难易。

创作者应该考虑选题后的制作难易程度，自己或团队的创作能力是否能够支撑起选题背后内容生产和内容运营，选题、内容、形式都是要考虑的因素，用户、“粉丝”现在对内容的质量要求越来越高。

（3）差异。

无论是哪一种类别的选题或者哪一种话题，在短视频领域都有着不少的竞品账号，可以说是红海一片，甚至一些垂直细分领域已经有了头部大号，此时还需要考虑到我们和竞品账号的差异化如何建立，增加用户、“粉丝”的识别。

（4）视角。

选题的视角，关系到给用户、“粉丝”带来的感受。站在哪个角度来看待呈现选题，是站在用户、“粉丝”的第一视角的运动员角色，是站在第二视角的裁判角色，还是站在第三视角的观众席角色？在不同的选题上也需要根据实际情况来变换视角。

（5）行动成本。

主要是针对用户、“粉丝”在接收到选题内容之后的动作，选题内容是否能够让用户、“粉丝”一看就知道，一学就能会，只有真正满足用户、“粉丝”的需求和痛点，才能触发用户、“粉丝”的更多动作。

3. 建立选题库

创作者建立选题库可以更好地持续生产内容，选题库分为如表 3-2 所示的两类。

表 3-2　选题库的分类

序号	分类	具体说明
1	爆款选题库	关注各大热播榜单，比如抖音热搜、微博热搜、头条指数、百度指数，以及三方平台的各类热度榜单，掌握热点话题，熟悉热门内容，选择合适的角度进行选题创作和内容生产，热度越高的内容选题，越容易引起用户的观看兴趣
2	常规选题库	日积月累很重要，不管是对身边的人、事、物，还是每天接收到的外部信息，都可以通过价值筛选整理到自己的常规选题库中。还可以通过专业性和资源性进行筛选，整理到选题库中

4. 日常选题的来源

日常选题的来源主要体现在如图 3-12 所示的几个方面。

每个人都有自己会发光的点，因为只要是同一个领域，就总有人做得好，但也会有一些他没有发现的点，所以，也可以向同行学习

内容发布后，浏览下面的评论及留言也会获得一些灵感，能够知道用户喜欢什么，更想看什么，这对接下来的视频内容选择是比较有意义的

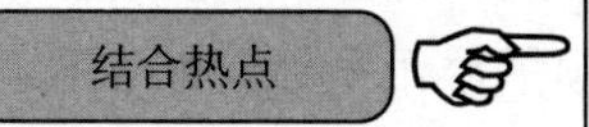

时下，热点总是被大众所关注。如果在拍摄短视频的时候，能够结合时下的热点，从而进行二次创作，那么吸引“粉丝”观看就变成了很容易的事情。但是，采用这种方式进行创意视频制作的话，需要把握好度，不要因为过于夸张引起观众的反感

图 3-12　日常选题的来源

课程思语

选题内容结合行业热点或网络热点，可以在短时间内得到大量的流量曝光，对提升视频播放量和吸引“粉丝”有非常重要的影响。但内容创作者一定要有对内容负责、对读者负责的态度，要有是非心、责任心，善于运用自己的头脑，理性思考、文明表达，要有自己的沉淀，具备从国家角度、社会大局去着眼并考虑问题的素质，只有这样才能真正做到“弘扬社会正能量”。

5. 短视频选题的注意事项

（1）远离敏感词汇。

短视频平台都有一些敏感词汇的限制，比如一段视频在某一个平台有很高的播放量，换到另一个平台就没有播放量。多去关注各平台的动态，了解平台官方发布的一些通知，也可以进行初步的选题内容敏感词汇筛选，避免平台出现违规封号、封禁的情况。

（2）避免盲目蹭热点。

很多热点、热门的内容会涉及一些新闻时事、政治政策等类内容，这些内容热点一直是个敏感话题，能避开就避开，观点内容尺度把握不好，很容易陷入漩涡，操作不当不但不会带来流量，甚至可能会带来违规封禁、封号的风险。

（3）标题描述要合理。

标题字数要适中，对于有些平台，标题超过一定字数后，就会被自动折叠隐藏起来。格式要标准，数字用阿拉伯数字，尽量用中文表述，避免生僻字和网络词汇，方便机器算法获取识别。句式要合理，很多短视频平台，一般会要求标题为三段式结构，表述清晰，避免出现夸大性词组。

（4）活动选题库。

节日类活动选题，可以提前布局，比如中秋、国庆、春节、情人节等大众关心的节日话题。另外一个活动选题来源各短视频平台，平台官方会不定期地推出一系列话题活动，比如习惯的国风力量、大鱼的夸克知识等，根据自身的情况参与平台话题活动，可以得到流量扶持和现金奖励。

二、标题的设计

即学即练　**短视频标题设计（撰写技巧＋注意事项）。**

标题决定了文章的打开率，其实对短视频来说，标题也同样重要。标题是用户看到视频的第一印象，好的标题能立刻吸引用户的注意，让用户能继续看下去，从而影响平台的推荐算法，慢慢扩大影响。

1. 标题的撰写技巧

短视频运营者可以参考如图 3-13 所示的技巧来撰写短视频的标题。

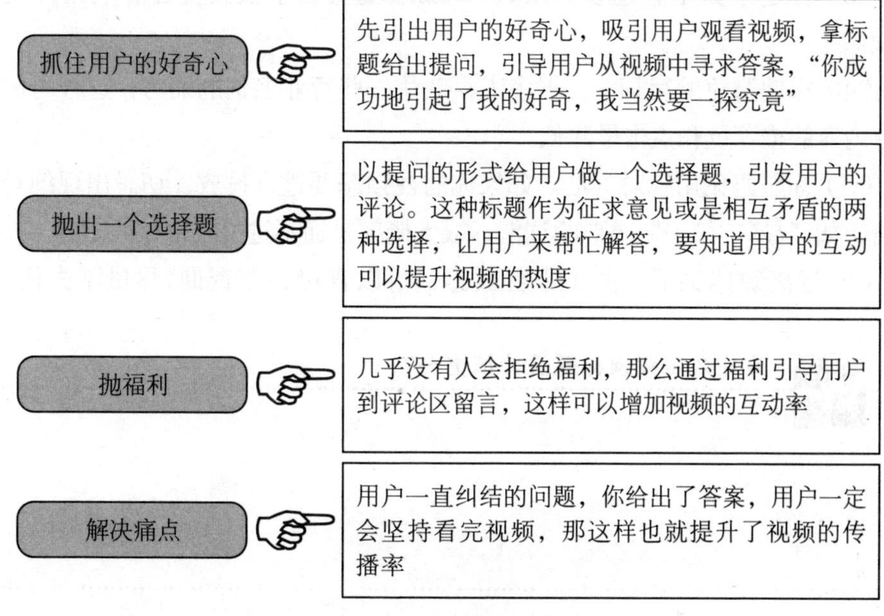

图 3-13　标题撰写技巧

2. 写标题的注意事项

除了写好标题以外，以下两个关键点需要注意。

（1）固定模板。

在设计封面标题时，最好形成统一的风格和模板，包括色调、字体、大小等，每次只需要替换文字即可。千万不要将模板更换得太频繁，否则对账号的调性影响很大。

（2）A/B 测试。

如果有条件最好进行 A/B 测试，即在同一时间维度，测试不同标题带来的效果。可以同时发布不同标题的视频，基于数据进行分析，留下最好的标题模式，再进行优化调整。

3. 起标题的“雷区”

（1）标题避免生僻字、冷门词。这样的词语会影响受众，不利于推荐。

（2）标题忌低俗。标题不要含有暴力、低俗的词语，否则很容易审核就不通过。

（3）标题字数不宜过多。以15 ~ 20字为宜，字数太多会影响用户观看体验。

（4）标题避免缩写词汇。很多人喜欢用一些行业名词的缩写，这样可能会导致内容的推荐量和点击量降低。

（5）标题避免用绝对词汇。如果你的视频想要进行投放，切忌出现绝对的词语，如“最”“第一”类似的词汇，很大概率是通不过投放审核的。

（6）远离敏感词汇。关于平台敏感词可以直接百度查询，尽量不去使用。

为什么短视频标题设计很重要？

短视频标题的10个“套路”

1. 设置悬念

这类标题都是“话说一半”，故意留个悬念引发好奇心。往往在标题里加上“万万没想到”“最后结局亮了”等关键词。

如：《老师现场提了一个问题，同学的回答亮了》《罗永浩和罗翔走在路上被人要签名，万万没想到……》

不过使用这类标题，重点在于视频本身的内容。要保证你的视频内容能满足用户的期待，千万不能虎头蛇尾，否则很容易引起用户的反感。

2. 利益诱导

这类标题能让用户迅速获取这条视频的价值所在，直截了当地给出利益关系，让用户切实感受到可以提升自身技能或知识，产生一种“事半功倍”的心理。

如：《干货！ 10个标题模板帮你打造爆款视频》《学会这3招，让你进

阶 Excel 大神》

这类视频的账号需要从定位的用户人群出发，分析用户特点，提炼出用户的需求，再针对性地给出价值。

3. 列举数字

标题中带数字是比较常见的手法，通过数字让你的视频更具说服力和吸引力，同时也更能展现出你的视频要点，这里可以分为两类。

（1）反差效应。

通过数字来让用户形成强烈的心理反差，打破自己以往的认知。认为这条视频的内容比较独特，即使知道标题有些夸张，但还是想要一探究竟。这类视频适合教学、技巧型的内容。

如：《3 分钟让你学会倒车入库》《100 种简单减脂午餐教学》《这个小技巧，99% 的人都不知道》。

（2）内容拆解。

通过列举数字，快速告诉用户这条视频的内容逻辑是什么，很容易让用户想象到底是哪些内容，用户观看时目的性也较强，学习视频里的知识点也更有效果。

如：《掌握这 3 点，轻松玩转母婴行业私域运营》《真正聪明的人从不走捷径，而是懂得三个底层规律》。

4. 提出疑问 / 反问

疑问类型的标题往往能够引发用户强烈的好奇心，抛出一个观点进行反问，用户会进行思考，然后迫切想要知道答案，就会继续观看视频的内容。

如：《中层管理者需要什么样的能力？》《有经验的管理者是如何带团队的？》《突然被公司辞职，该如何维权？》。

通常这种标题适合“干货”、科普类型的内容，将视频主要内容凝练成一个观点进行反问。

5. 时效型

时效型标题对应的内容，通常是对最新的资讯或是新闻进行报道，在时间上会给用户一种紧迫感。

如：《就在刚刚，微信更新了最新版本》《最新 ×× 政策公布！》。

通常可以在标题开头使用“刚刚！”“近期”“最新消息”等字眼，能引发用户求知的心理，当然也要求你的内容足够的“新”。

6. 目标指向型

这种类型的标题，目标用户较为明确。视频内容就是针对本身的账号受众群体，用户看到以后会不由自主地自我代入。比较适合内容较为垂直的账号。

如：《整天熬夜加班的注意了》《考四六级的小伙伴看过来了》《小个子如何穿出一米八既视感》。

7. 结合热点

在标题中加与热点事件相关的词，极易提升视频热度，也就是大家常说的“蹭热点”“借势营销”。

如：《刘畊宏全网火爆的毽子操教学》《天舟四号货运飞船厉害在哪？》。

这类视频内容可以从多个角度出发，主要还是按照账号自身定位来做选择。

8. 引发争议

这类短视频标题很容易引发用户之间的讨论，吸引大量用户注意力。

如：《上海和深圳对比，未来你更看好谁？》《咸豆腐脑 vs 甜豆腐脑，你更喜欢哪个？》。

但是这种方法的使用场景有一定的局限性，观点要有理有据，不要失之偏颇，否则很容易引火上身。

9. 引起共鸣

这类视频的特点是可以引起用户的思考、反思、回忆，从而引起用户的“共鸣”，很容易让用户分享转发。

一般这类视频标题带有一些情绪化的字眼，例如“暖心”“泪目”等，能准确击中用户的内心。

如：《喜欢和爱的区别》《网友无意拍到外卖小哥，让人瞬间泪目》《街头发生一幕让人鼻酸》。

这类账号要对垂直用户的心理洞察得极为准确，不同的社会群体、不同的年龄层都有不同的共鸣。

10. 名人效应

名人本身自带流量，在标题带上“名人”，会吸引更多用户的关注。特别是一些从底层做起的“名人”，颇得用户的关注。

如:《××:40 岁我悟透了成功的关键》《×× 的三句话气坏 14 亿国人》。

这类视频要注意本身的账号定位，如果是商业类的账号就适合带一些企业家名人，如果是娱乐类账号就适合带一个明星，最好要带和自身行业相关的名人，不要出现风马牛不相及的情况。

三、开头的设计

短视频开头和结尾设计。

在这个信息爆炸、快节奏的时代，能够抓住人们感官视觉吸引力的东西往往只需要几秒，所以在设计短视频开头的时候，可以通过如图 3-14 所示的方式快速引起人们关注，并且产生看完整体内容的欲望，从而提高一条视频的完播率。

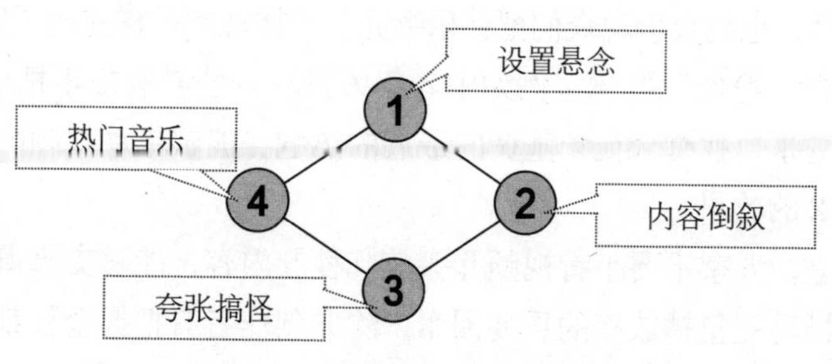

图 3-14 短视频的开头设计方式

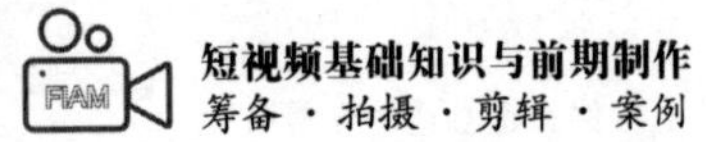

1. 设置悬念

在视频开头设置悬念是最常用的方式之一，就是“卖个关子”，给观众一个期待值，可以说明在末尾或者中途给大家揭晓，但是一定要合理控制时长，若答案太早出现容易让观众得到想要的答案后就划走了，最后几秒才出现又会显得目的性太强，引起人们的反感。

2. 内容倒叙

内容倒叙可以理解为把最精彩部分前置，在创作时可以根据“粉丝”/用户的喜爱，以优化用户体验为中心，展开对编排方式、内容选题和互动模式的专业化、精细化设计，了解受众和平台传播分享的机制，因为人们都对自己喜欢的内容格外关注。

3. 夸张搞怪

封面应夸张吸睛，若开头过于平淡会让人觉得枯燥无味，很容易就会让人失去兴趣，忽略后面的内容直接划走，所以在前几秒同样使用一些比较夸张、画面感冲击力较强的内容，有一个过渡的延续，比起立刻脱节进入内容述说，更容易触达观众的需求。

4. 热门音乐

不少创作者花费大量时间去研究一个视频内容，精心推敲每一个细节，却忽视了 BGM 的重要性，其实不少用户哪怕不那么喜欢该视频内容，但背景音乐选得好的话，也能吸引观众们把音乐听完，这样视频一样完成了完播的任务。完全可以根据“粉丝”群体，例如中老年人喜欢一些具有故事性、耳熟能详、简易上口的音乐，找符合视频基调的最近的热歌，能够带动视频内容，可以起到 1+1 大于 2 的效果。

总而言之，大家不要小看视频开头前几秒的内容，能够支撑得了整个视频的开头，是推动完整播放率的重要因素，除非创作者有把握全程都是高能，否则还没有核心内容出现，观众就划走了。

四、结尾的设计

1. 结尾文案的价值

一个好的短视频结尾文案，能够起到画龙点睛的作用，能够升华整个短视频的主题，吸引用户关注短视频账号。

（1）升华主题。

一篇好的文章结尾需要总结前文、升华主题，短视频也不例外。用户在观看短视频时大多处于一种放松、愉悦且无意识的状态，寄希望用户自己对整个短视频有一个深刻的印象是比较困难的，这时候就需要短视频结尾文案来总结、提炼短视频内容，同时升华短视频的主题。

（2）吸引关注。

用户注意力、用户关注度对于短视频的运营来说至关重要，在用户注意力极为稀缺的今天，要想吸引用户的关注，就需要见缝插针的努力。当用户观看完一个短视频，准备看下一个短视频的时候，短视频结尾文案就起到了吸引用户关注的作用。

2. 结尾文案的写法

短视频结尾文案的写作手法与开头有相似之处，如悬念的设置，也有不同之处，如增加互动、引导关注，具体如图 3-15 所示。

虽然短视频的开头和结尾的写作都强调了悬念，但是两者的目的不同。开头的悬念是为了让用户观看完短视频，而结尾的悬念是为了让用户观看下一期短视频。如一个有剧情的短视频，可以在故事反转或者高潮之初结局，引导用户在下一期短视频中继续观看

采用疑问句、设问句、反问句的形式，与用户进行互动，如向用户提问："那大家上一个开心的大笑是什么时候呢？"这样一个简单的问句，会引发很多用户主动留言和评论

图 3-15

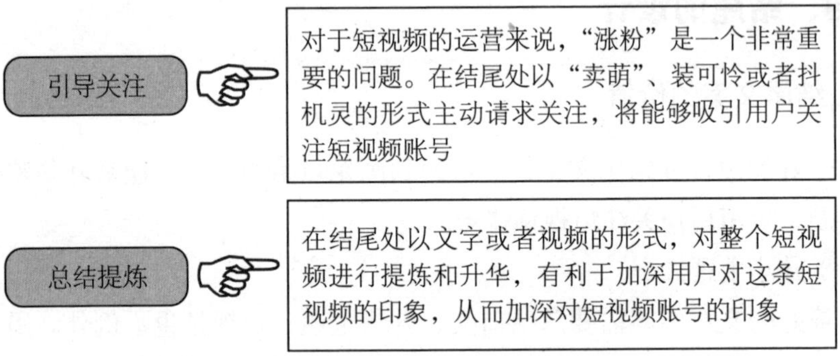

引导关注	对于短视频的运营来说，“涨粉”是一个非常重要的问题。在结尾处以“卖萌”、装可怜或者抖机灵的形式主动请求关注，将能够吸引用户关注短视频账号
总结提炼	在结尾处以文字或者视频的形式，对整个短视频进行提炼和升华，有利于加深用户对这条短视频的印象，从而加深对短视频账号的印象

图 3-15　结尾文案的写法

第四章

拍摄：掌握技巧轻松拍出大片范儿

知识目标

1. 熟知短视频拍摄的基础概念。
2. 掌握短视频拍摄构图方法。
3. 理解不同拍摄角度产生的效果。
4. 懂得拍摄过程中光位的应用。
5. 明白各种镜头运用的概念和作用。
6. 掌握手机拍摄短视频的要领。

技能目标

1. 能够依据视频需要，对拍摄设备进行参数设置。
2. 实现主题突出、画质清晰的视频构图。
3. 依据视频需要，调整适合的景别和机位。
4. 利用灯光色彩突出视频主题。
5. 运用不同运镜技巧展现视频主题。
6. 实现手机拍摄主题突出的短视频内容。

课程目标

通过强化视频拍摄实操，不断磨炼拍摄技艺，与细节较真，从多维度实现自我突破，践行精益求精的工匠精神与职业品格。

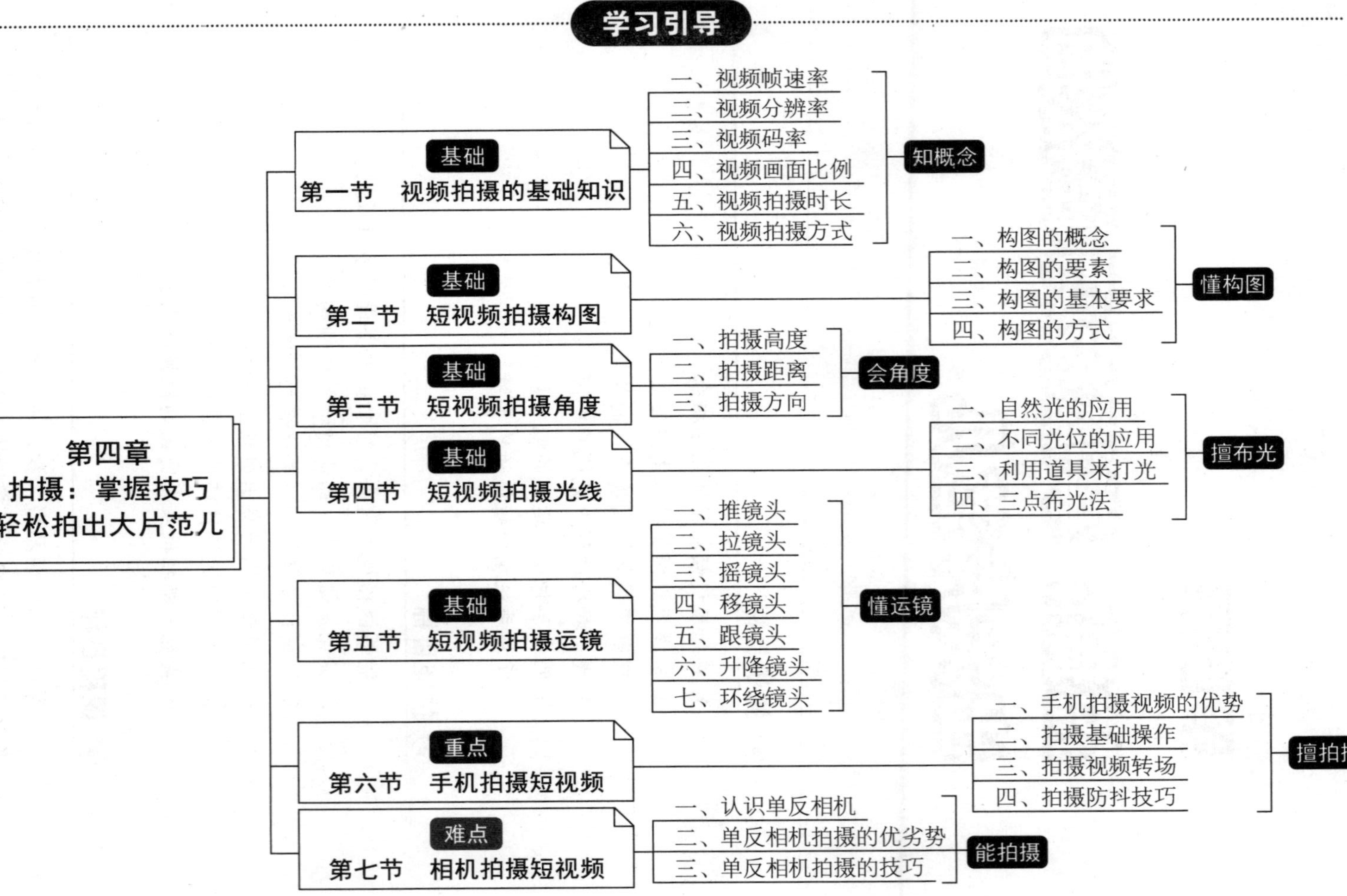
学习引导
第四章
拍摄：掌握技巧
轻松拍出大片范儿
基础
第一节　视频拍摄的基础知识
一、视频帧速率
二、视频分辨率
三、视频码率
四、视频画面比例
五、视频拍摄时长
六、视频拍摄方式
知概念
基础
第二节　短视频拍摄构图
一、构图的概念
二、构图的要素
三、构图的基本要求
四、构图的方式
懂构图
基础
第三节　短视频拍摄角度
一、拍摄高度
二、拍摄距离
三、拍摄方向
会角度
基础
第四节　短视频拍摄光线
一、自然光的应用
二、不同光位的应用
三、利用道具来打光
四、三点布光法
擅布光
基础
第五节　短视频拍摄运镜
一、推镜头
二、拉镜头
三、摇镜头
四、移镜头
五、跟镜头
六、升降镜头
七、环绕镜头
懂运镜
重点
第六节　手机拍摄短视频
一、手机拍摄视频的优势
二、拍摄基础操作
三、拍摄视频转场
四、拍摄防抖技巧
擅拍摄
难点
第七节　相机拍摄短视频
一、认识单反相机
二、单反相机拍摄的优劣势
三、单反相机拍摄的技巧
能拍摄

案例导入

“山西非遗”让非遗“活”起来（拍摄篇）

山西文化源远流长，五千年的文脉传承，形成了山西壮观的非物质文化遗产资源，现有国家级非物质文化遗产代表性保护名录项目 116 项，省级的 537 项。山西省非物质文化遗产保护中心制作“山西非遗”短视频账号，展现非遗不老技艺，传承非遗千年内蕴，让山西非遗“活”起来。

“今天你吃土了吗？”是一则介绍入选山西省第三批省级非物质文化遗产名录的，一种吃“土”的零食——武乡炒指。它形似手指，炒制而成，故名炒指，炒制时铁锅中加热的介质不是油，不是糖，不是盐，而是土，工艺奇特，国内仅见。封面用疑问句做标题，提出一个让人匪夷所思的问题，引人入胜。

“武乡炒指”的制作共有六大道工序，视频拍摄严格把握炒指制作的每个关键节点，跟拍每道加工工序，过程完整翔实。视频以制作工序为线索，将制作人的制作过程为重点表现对象，并将在生产过程中的精神面貌和生产场景有机地结合起来，充分选择不同的拍摄角度，运用不同的景别，建立好人与物的对比关系，通过神态和环境的构图形式，从多方面、全视角呈现出技艺的特色，并彰显出技艺传承人精湛的技艺和勤劳朴实的劳动敬业精神。

在拍摄视角和取景技巧上，视频用平视视角拍摄“炒指”生产场景，精确呈现制作的过程和制作者劳作的姿态，画面自然真实，让人看起来比较舒服；仰拍拍摄取土过程，展示取土环境的艰苦，也使人物更加高大，凸显其形象；炒指炒制过程采用低角度俯拍，可以避开背景中杂乱无章的元素，令画面更加简洁，同时可以将相对平淡的场景变得更有意思，更有张力。

在拍摄景别的选取上，保证特写、近景的同时对于中景全景画面也有一定的比例。用全景、中景交代工作场景和工作形态；用特写镜头表现炒指制作的细节和人物表情；为了表现出某种特定的意境，用慢速快门来实现动与静的对比关系，将制作者劳作的身姿用虚幻的活动轨迹表现出来，使画面显得更有艺术感。

非物质文化遗产的拍摄重点不仅在于拍摄手法技巧和设备的配合，更重要的在于如何表现其所传承的文化内涵。拍摄技术高超与否并不在于通过靓丽的色彩表现外在的景象，而在于如何通过有效的技术展现，让艺术的本质返璞归真。

思考：

1. 观看“今天你吃土了吗？”这则短视频作品，看视频拍摄中都运用了哪些拍摄角度和拍摄景别？不同的景别和拍摄角度都用于拍摄什么画面？

2. 针对“今天你吃土了吗？”视频拍摄特色谈谈你的看法。

第一节　视频拍摄的基础知识

对于新手“小白”来说，要想拍摄出高质量的短视频，有必要了解一些视频拍摄的基础知识，包括视频帧速率、视频分辨率、视频码率、视频画面比例等。

一、视频帧速率

帧，是数字影像中最小单位的单幅影像画面，相当于胶片电影上的一格镜头。每一帧都是静止的图像，快速连续地显示帧便形成了运动的假象。

帧速率，也叫帧率，简单地说，就是在 1 秒时间里包含的单帧图像的数量，通常用 fps（frames per second）表示。

高的帧速率可以得到更流畅、更逼真的动画。帧速率越高，所显示的动作就会越流畅。因此，拍摄视频之前，必须将摄像机（或相机、手机等设备）设置好拍摄的帧速率。

由于视频应用的场景和制作的方法不同，不同的情况下需要的视频也是不一样的，相应的视频参数也是不一样的。我国常见电影标准视频帧速率一直是 24fps，这也是视频中的一道分割线，视频帧速率低于 24fps，视频就会出现卡顿的现象。而在北美洲、日本和世界其他大部分地区，电视的标准帧速率一直是 30fps。所以在拍视频的时候，制作人要根据作品传播的平台或者制作视频的要求选择不同的帧速率来获得最佳效果。

比如，今天拍摄偏静态的主题，如座谈性节目、讲座录影、视频会议，采用 30fps 拍摄即绰绰有余；如果希望视频的流畅感更好，甚至考虑在后期制作时采用慢速播放也能呈现清楚的画面，那么就可以采用 60fps 拍摄。

在视频中超过 60fps，我们称为慢动作，慢动作就是视频播放速度慢的同时画面很流畅地播放，而慢动作常见帧速率有 120fps、240fps、960fps。慢动作模式适合拍摄速度比较快的物体，如在高速公路上拍摄汽车的运动轨迹、高铁高速行驶的轨迹、子弹在空中飞行的轨迹等。

帧速率的选择只有最适合的，没有最好的。

无论选择哪种帧速率，整个视频的始终，都要相对固定地使用这一种帧速率（做升格慢动作等特效除外）。因为视频拍摄的素材之间如果帧速率不一致，很可能在后期编辑时遇到麻烦。

二、视频分辨率

视频分辨率又可称为视频解析度、解像度，指的是视频图像在一个单位尺寸内的精密度。当我们把一个视频放大数倍时，就会发现许多小方点，这些点就是构成影像的单位——像素。

视频的分辨率与像素密不可分，比如一个视频的分辨率为 1280×720，就代表了这个视频的水平方向有 1280 个像素，垂直方向有 720 个像素。

分辨率决定了视频图像细节的精细程度，是影响视频质量的重要因素之一。通常视频在同样大小的情况下，分辨率越高，所包含的像素就越多，视频画面就越细腻、越清晰。

1. 常见的几种视频分辨率

（1）4K。

4K 也是我们常说的 4K 分辨率，是指水平方向每行像素达到或接近 4096 个，多数情况下特指 4096×2160 分辨率。根据使用范围的不同，4K 分辨率也衍生出不同的分辨率，比如 Full Aperture 4K 的 4096×3112 分辨率，Academy 4K 的

3656×2664 分辨率，以及 UHDTV 标准的 3840×2160 分辨率，这些都属于 4K 分辨率。

4K 级别的分辨率属于超高清分辨率，提供了 800 万以上的像素，可看清视频中的每一个细节。当然，追求 4K 也有一定的要求，4K 视频每一帧的数据量都达到 50MB，因此无论是解码播放还是编辑，都需要非常高配置的设备。由于 4K 视频文件比较大，下载时也需要较长时间。

（2）2K。

2K 即是 2K 分辨率，指的是水平方向的像素达到 2000 以上的分辨率，主流的 2K 分辨率有 2560×1440 以及 2048×1080，不少数字影院放映机主要采用的就是 2K 分辨率，像其他的 2048×1536、2560×1600 等分辨率也被视为 2K 分辨率的一种。

2K 的分辨率主要有如表 4-1 所示的几种。

表 4-1　2K 分辨率的种类

分辨率	设备
2048×1080	支持 2K 分辨率的标准设备
2048×1536	iPad 第三代、mini2
2560×1440	WQHD
2560×1600	WQXGA

（3）1080P。

1080P 指的是 1920×1080 分辨率，也称为“全高清”，表示视频的水平方向有 1920 个像素，垂直方向有 1080 个像素。对于大多数的视频显示设备来说，1080P 能提供更多的像素，让视频在设备上看起来更清晰。

现在大多数的高清电视都以 1080P 的分辨率为标准，具有 1080P 的原始分辨率。比如高清液晶电视、等离子高清电视以及 D-LLA、SXRD 和 DLP 等前投影技术。

（4）720P。

720P 指的是 1280×720 分辨率，又称“高清”，表示的是视频的水平方向有 1280 个像素，垂直方向有 720 个像素，在视频网站上用得比较多的就是这种分辨率。720P 是高清的最低标准，因此也被称为标准高清。只有达到了 720P 的分辨率，才能叫高清视频。

2. 4K/2K/1080P/720P 之间的区别

理论上来说，1080P 的视频明显会比 720P 的视频画面更细致、更清晰，而 2K 的分辨率虽然与 1080P 的比较接近，但是也明显比 1080P 更加清晰。当然，这 3 种格式的分辨率需要在较大的显示屏幕上才能体现出明显区别，如果显示屏幕比较小，则不容易看出明显区别，如表 4-2 所示。

4K 分辨率所包含的像素是 1080P 的 4 倍，显示效果相比 720P、1080P、2K 是最清晰的。4K 不仅分辨率比它们高，文件大小也是最大的，而且 4K 视频对设备的配置要求也比较高，传输与下载都需要较长时间。

表 4-2　4K/2K/1080P/720P 之间的区别

项目	720P	1080P	2K	4K
分辨率	1280×720	1920×1080	2560×1440	4096×2160
画质	高清	全高清	4 倍高清	超高清
设备	电视、手机等设备	电视、手机、显示器等设备	投影等设备	投影、电视等设备
宽高比例	16：9	16：9	16：9	≈16：9（17：9）
视频文件大小	90 分钟大约 1G 以上	90 分钟大约 10G 以上	90 分钟大约 15G 以上	90 分钟大约 50G 以上

3. 如何选择视频的分辨率

理论上来说，越高分辨率的视频就越清晰，那是不是就要一味地去追求高分辨率呢？其实不然，在同一压缩格式下，越高分辨率的视频，占用的存储空间就越大。比如 4K 视频，虽然它的分辨率高，但 90 分钟的视频就有 50G 以上，不仅占用的存储空间大，传输与下载的时间也需要很久。而且，视频的分辨率越高，对设备配置的要求也越高，如果设备本身就不支持太高的分辨率，那也没用。所以根据自己的实际情况来选择合适的分辨率即可。

目前，拍摄广告片或者质量要求较高的商业片，基本已经选择以 4K 拍摄，但是作为自媒体短视频的制作来说，显然用不到这么高的分辨率，在中国的视频网站上传播，以1080P全高清拍摄已经足够。那么有人会说，为什么不选择更小的分辨率降低视频存储的容量呢？因为考虑到后期编辑过程中还是有压缩损失，所以建议以全高清拍摄，最后需要压缩小分辨率也比直接拍摄低分辨率的素材要质量高。

判断对错：4K视频比2K视频更清晰。

三、视频码率

视频码率就是数据传输时单位时间传送的数据位数，一般我们用的单位是kbps即千位每秒。通俗一点的理解就是取样率或者比特率[并不等同于采样率，采样率的单位是赫兹（Hz），表示每秒采样的次数]，单位时间内取样率越大，精度就越高，处理出来的文件就越接近原始文件。

1. 码率与文件大小的关系

码率的大小与视频的清晰度有关，也与压缩格式有关，一般来说相同压缩格式下码率越高，视频越清晰。

码率 × 时间（秒）÷ 8= 视频的大小。

视频码率越大，说明单位时间内取样率越大，数据流精度就越高，这样表现出来的效果就是：视频画面更清晰、画质更高。视频在经过编码压缩时可能会降低码率，过低的码率会造成画面中出现马赛克，即画面中一些区域的色阶劣化，而造成颜色混乱，导致看不清细节的情况。

2. 码率与分辨率、帧率的关系

码率受分辨率和帧率影响。视频上传到短视频平台后，短视频平台进行转码压缩。目前来说，转码后视频分辨率以720P（720×1280）/ 30帧为主，少部分是1080P（1080×1920）/ 30帧，也有低于720P/30帧的。因此，竖屏720P/30帧为目前短视频平台中短视频的主流分辨率及帧率。

基于此，我们平时在做视频的时候，以30帧，分辨率720P和1080P为主即可，具体选择720P还是1080P，要看自己素材的质量。项目不要高于1080P/30帧，除非是高分辨率、高帧的素材，比如4K，60帧，那么你的项目可以设置为更高的分辨率和60帧，但是如果素材帧率比较低，项目强行设置高帧，那么势必会导致画面受损。

四、视频画面比例

在拍摄视频的时候，一定要了解这个视频制作成成品后是在什么设备上进行播放的。首先要了解播放设备的画幅比例，我们的成品视频必须保证和播放视频设备的屏幕比例一致，这样才能确保视频内容充满整个播放设备的屏幕。目前，播放视频的平台和设备的比例不全一样。

在非电影的视频领域，普遍存在的画面比例为16：9与4：3两种，高清以上的视频画面比例均为16：9，这是业界统一采用的比例标准。

我们拍摄视频并在互联网上传播，如果没有特殊要求，横版的就采用16：9的画面比例，竖版的就采用选择9 ：16的画面比例，而且所有素材要统一，否则编辑起来也不方便，画面会有黑边出现或者所拍摄的物体被压扁的情况。

选择题：互联网上传播的横版短视频常用以下哪种画面比例？

A.16：9　B. 9：16

五、视频拍摄时长

抖音平台目前支持时长30min以内的视频，但并不是说一定是越短越好，同样，也不是越长越好，重要的是：这个视频能够在把你想表达的内容说完整的前提下，尽力做到精简。

六、视频拍摄方式

拍摄视频时应该选择横屏还是竖屏？如果是服务于抖音、快手这类短视频平台，最好是竖屏拍摄，这样会有更好的沉浸感。如果你的播放平台是西瓜或者优酷等平台，则可以用横屏拍摄，特别是知识类的视频，这样可以显得严肃一些，并且更符合人们长久以来的观看习惯。

课程思语

要拍摄出高质量的短视频，必须按照标准配置帧速率、分辨率、码率、画面比例等参数，无论技术怎样进步、社会如何发展，规则都是“基础设施”。我们应自觉提升自己的规则意识，捍卫我们的规则文明，用实际行动点亮你我生活，创造美好未来。

第二节　短视频拍摄构图

一段优质的视频离不开好的构图，在对焦和曝光都正确的情况下，好的构图往往会让一段视频脱颖而出，增强作品的视觉吸引力，成功引起观者的关注。学习短视频拍摄必须要掌握一定的构图技巧，才能使拍摄的视频看起来更加美观。

一、构图的概念

构图也可称为“取景”，是指在短视频创作过程中，在有限的、被限定的或平面的空间里，借助拍摄者的技术和造型手段，合理安排所见画面上各个元素的位置，把各个元素结合并有序地组织起来，形成一个具有特定结构的画面。

二、构图的要素

即学即练　短视频构图要素（通过一个案例分析构图的五要素）。

视频画面构图的要素包括如图 4-1 所示的几个部分，在构图中它们起着不同的作用，也处于不同的地位。

图 4-1　构图五要素

1. 主体

主体是画面中拍摄的主要表现对象，同时主体在画面中又是思想和内容表达的重点，还是画面构图结构组成的中心。视频画面中的主体构成可以是一个对象，也可以是一组对象；可以是人，也可以是物。

2. 陪体

陪体也是画面构图的重要组成部分，它和主体有紧密的联系。主要起陪衬、突出主体的作用，是帮助主体表现内容和思想的对象。在视频构图中，人与人、人与物，以及物与物之间都存在着主体与陪体的关系。

3. 环境

环境是交代和丰富画面内容的载体，其中包括时间、地点、人物等信息。

4. 前景

在环境中，人物或景物与主体处在不同的空间位置，在主体前方的区域称为前景。前景与主体是一种烘托关系，可以增强画面的空间感，起到均衡画面的作用。有时前景也可以是陪体，在大多数情况下前景是环境的组成部分。

5. 背景

在主体后方的人物或景物，称为背景或后景。背景和前景相互对应，背景可以是陪体，也可以是环境的组成部分。背景对于烘托画面主体起着重要的作用，可以增加画面的空间层次和透视感。

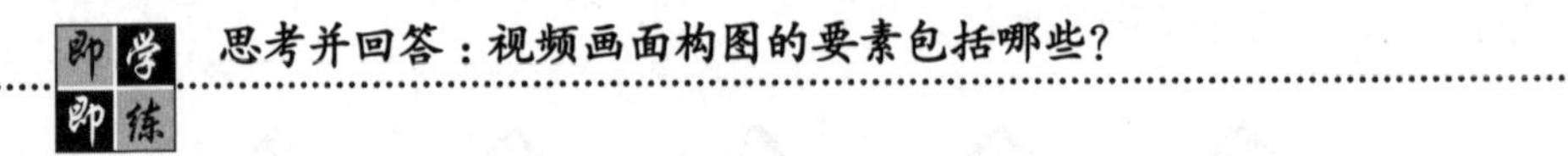

思考并回答：视频画面构图的要素包括哪些？

三、构图的基本要求

一幅完美的视频构图，起码应该做到如图 4-2 所示的两点。

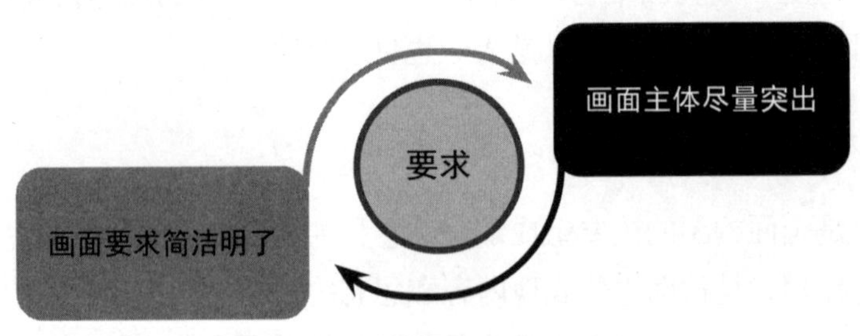

图 4-2　构图的基本要求

1. 画面要求简洁明了

短视频画面处理的时间性，决定了不能像摄影图片那样可以容纳许多内容，它必须简洁，内容必须少而能够说明主题。每个镜头画面内容不能面面俱到，要在画面内进行选择、提炼以致抽象、概括，才能从自然的、未经修饰的、凌乱没有章法的物象中“提取”出最能够有利表达主题思想的画面来。

2. 画面主体尽量突出

对于大多数观众而言，观看视频都是一次性的行为，这就要求画面所要表现的主体对象一定要突出，这是衡量构图的主要标准之一。评价一个构图的水准，主要看对主体的表现力如何，与画面其他部分的关系是否配合得当。

比如，在拍摄双人对话镜头里，两人中通常都会有一人是这一画面要表现的主要对象，而另一人属于从属地位。

画面中要有一个主体，这并不意味着在前景和后景中不能有其他人物同时存在，不意味着画面中不允许有几个人或甚至上百人同时出现，而是要有主次，主次分明、重点突出是构图的基本要求。

四、构图的方式

短视频拍摄画面构图方式。

构图是一个思维过程，它从大千世界混乱的场景中找出秩序；构图又是组织过程，把大量凌乱的构图要素组织成一个可以欣赏品味的整体。目的是向观众传达拍摄者要表达的信息。常用的构图方式有以下几种。

1. 九宫格构图法

九宫格构图法（图 4-3）也就是我们常听到的黄金分割法构图方式，是我们在短视频拍摄时经常用到的一种构图方式。

九宫格是利用上、下、左、右四条线作为黄金分割线，这些线相交的点称为画面的黄金分割点，这样的构图可以使主体能够展现在黄金分割点上，从而使画面更加平衡。

一般在全景拍摄时，黄金分割点是被摄主体所在的位置。在拍摄人物时，黄金分割点往往是人物眼睛所在的位置。

图 4-3　九宫格构图法

即学即练　**思考并回答：使用九宫格构图法时，主体应该放在哪个位置？**

2. 引导线构图法

引导线构图法（图 4-4）是通过线条的拍摄来将视频画面主体的张力更好地表现出来，给人以高大的画面效果，但这种构图方式大多适用于拍摄大远景和远景，比如高楼、树木等。虽然这种类型的构图在短视频内容中比较少见，但是我们可以在拍摄时借助引导线构图方式的精髓，拍摄出广阔博大的感觉。

图 4-4　引导线构图法

3. 框架式构图法

框架式构图，就是利用拍摄环境，在被摄主体前面搭一个“框”作为前景，把主体“围”起来。框架式构图能让主体更突出，让画面有更强的立体空间感；同时，有利于营造神秘气氛，增强画面的视觉观赏性。

如图 4-5 所示的公园风景，就是采用框架式构图法拍摄的，利用四周的建筑作为框架，将主体放在框中合适位置。

图 4-5　采用框架式构图法拍摄的公园风景

（1）寻找适合的框架。

“框”的形状多种多样，可以是方形、圆形、半圆形、三角形，也可以是不规则的多边形等；搭建“框”的景物也丰富多彩，例如门洞、山洞、隧道、窗格、树枝等，只要能形成框即可。

（2）框内必须有明确的主体。

框内主体应相对完整独立，如果采用广角镜头拍摄，不能将主体拍得太小，或者改用中焦镜头压缩视角，让主体形象更突出。同时，要注意框架与主体的协调，框架的色彩、形状、亮度等不能过于强烈，以免喧宾夺主。

4. 对角线构图法

对角线构图法（图 4-6）是利用线所形成的对角关系，使视频的画面具有运动感和延伸感，体现出纵深的画面效果，对角线的线条也会使得被摄主体有一定的倾斜度，这样的效果会将受众的视线吸引到画面深处，从而会随着线条的方向改变。当然，这种构图方式中所谓的对角线并不一定只能是我们划定好的固定的线条，也可以是我们拍摄对象所具有的形状线条或者是当时拍摄条件所形成的光线等。

图 4-6　对角线构图法

5. 中心构图法

中心构图法（图 4-7）就是将画面中的主要拍摄对象放到画面中间，一般来说画面中间是人们的视觉焦点，看到画面时最先看到的会是中心点。这种构图方式最大的优点就在于主体突出、明确，而且画面容易取得左右平衡的效果。这种构图方式也比较适合短视频拍摄，是常用的短视频构图方法。

图 4-7　中心构图法

中心构图是最不容易出错的一种构图方法，只需把主体放在画面的中心，虽然不一定能拍出特别高级的画面，但也不会很差，是一种比较保险的方式。

6. 三分构图法

三分构图法（图 4-8）是指把画面分成三等份，每一份的中心都可以放置主体形态，适合表现多形态平行焦点的主体。

这种构图法不仅可以表现大空间小对象，还可以表现小空间大对象。

使用手机拍摄短视频时，三分线构图一共有 7 种方法，分别是：上三分线构图，下三分线构图，左三分线构图，右三分线构图，以及横向的双三分线构图，整向双三分线构图，综合的三分线构图。

图 4-8 三分构图法

7. S 形构图法

S 形构图法（图 4-9）让画面充满动感，画面表现出曲线的柔美，可以得到一种意境美的效果，这种形式一般用在画面的背景布局和空镜头中。

图 4-9 S 形构图法

8. 对称构图法

对称式构图法（图 4-10）是指以画面中央为对称轴，使画面左右或上下对称，使画面具有平衡、稳定、呼应等特点，但是这种构图在短视频中过于呆板。

图 4-10　对称构图法

小提示

在拍摄短视频时，构图方式在其中的运用并不只能是单一的，我们可以将两种或者两种以上的构图方式结合起来，但前提是要将画面清晰地展现出来，与画面融合得自然融洽，不会让观看的受众感觉到突兀。

课程思语

摄影构图又称取景，是从美术构图转化而来的，通过构图，使客观对象比现实生活更富有表现力和艺术感染力。生活中并不乏美的存在，只是缺少了发现美的眼睛，我们不断提升自己的观察能力，通过镜头去发现美、体验美、欣赏美，进而去追求美，创造美，不断提升自己的社会意识，用手中镜头去记录社会百态，感受人间真善美。

第三节　短视频拍摄角度

不同的角度拍摄带给观众的感受也是不同的，我们可以通过使用不同角度的拍摄，调动观众的情感和心理。拍摄角度一般由拍摄高度、拍摄距离和拍摄方向三个因素构成。

一、拍摄高度

拍摄高度一般是以拍摄者站立在地平面上的平视角为依据，或者以相机镜头与拍摄对象所处的水平线为依据。拍摄高度一般可以分为平视拍摄、俯视拍摄、仰视拍摄等，如图 4-11 所示。

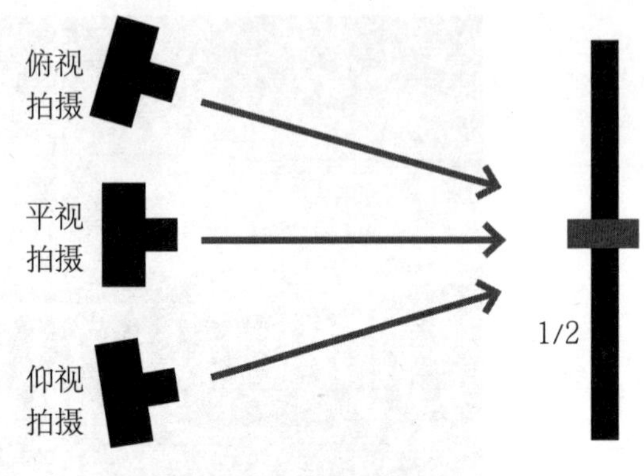

图 4-11　拍摄高度示意

1. 平视拍摄

平视拍摄是指拍摄所处的视平线与拍摄对象在同一水平线上（图 4-12）。在日常拍摄中，这种拍摄高度运用得最多。另外，平视高度也是最不容易出特殊画面效果的高度。平视拍摄的画面往往显得比较规矩、平稳。

图 4-12　平视拍摄效果

2. 俯视拍摄

当拍摄处于视平线以下的景物时被称为俯视拍摄（图 4-13）。用高角度俯视的拍摄角度，就是站在山顶往下看的感觉，比较适合表现主体的构图和大小。

比如，拍摄美食、花卉题材的视频都可以用，可以充分展示主体的细节。

俯拍构图也可以根据角度去再细分，比如 30° 俯拍、45° 俯拍、60° 俯拍、

90° 俯拍，俯拍的角度不同，拍摄出的视频给人的感受也不一样。

图 4-13　俯视拍摄效果

3. 仰视拍摄

当拍摄视平线以上的景物时被称为仰视拍摄（图 4-14）。用低角度仰拍，可以使主体展现出更加高大的效果。比较适合建筑类的视频画面，具有强烈的透视效果。当然人也可以，汽车、山脉也都可以去尝试仰角度拍摄，你会有不同的体会。

图 4-14　仰视拍摄效果

4. 斜视拍摄

这种也属于打破水平线的拍摄手法，就是把镜头倾斜一定的角度，让视频的画面产生一定的透视变形的失重感，能够让主体更加立体。

比如，拍摄人像视频时，可以更好地展现人物的身材曲线。

即学即练 思考并回答：为展示楼房的高大，我们应采用哪种拍摄高度？

二、拍摄距离

即学即练 短视频拍摄景别及适用场景。

这里的拍摄距离指的是景别。由于拍摄工具与拍摄主体的位置距离不同，导致拍摄主题在拍摄工具中呈现的画面效果是不一样的，而这个画面效果，就称为景别。景别主要有如图 4-15 所示的几种类型。

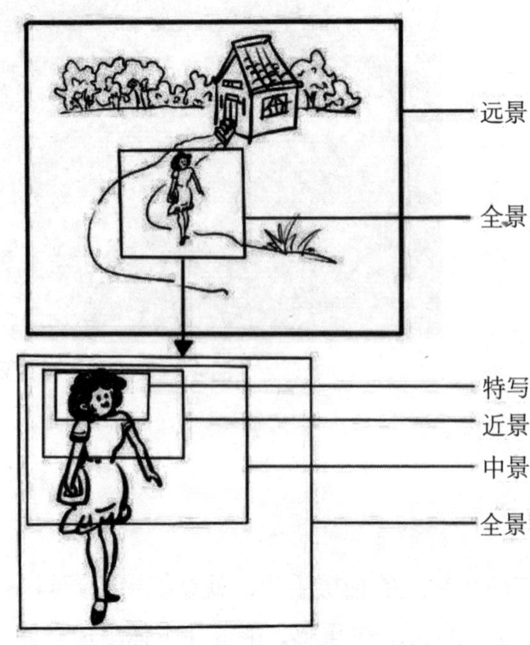

图 4-15　景别的类型

1. 远景

远景拍摄主要表现的是拍摄对象所处的环境画面，通过拍摄主体周围的环境来表达某种氛围或者情绪，不一定非要突出人物。

所以在拍摄远景时，拍摄主体为人物的时候，更多的时候需要用肢体语言来表达，对表情要求不大。

除了这种表达某种情绪、氛围的类型，远景拍摄其实还非常适合服装类目的创作者，通过周边风景展示服装的整体，比如通过远景拍摄，展示服装适合身材娇小的人穿、适合旅游时穿、适合蹦迪时穿……

远景拍摄比较适合旅游类目的创作者，可以通过拍摄风景、山脉、海洋、草原等的展示，来佐证创作者觉得这个地方很舒服、适合旅游、风景很好等论点。

2. 全景

全景拍摄的内容一般是一个总的角度，所展现的范围较大，画面中是“人 + 物 + 景”的全貌。

与远景比，全景拍摄会有比较明显的内容中心和拍摄主题。拍摄主题为人的时候，全景拍摄主要凸显人的动作和神态，同时带上点背景（人物周围的物、景）。

在全景拍摄中，周围的场景对人物来说都是陪衬和烘托，环境对人物还有解释和说明的作用。

全景拍摄除了适用于写真照外，还非常适合服装展示、“网红”地点“打卡”、与某个景物“合照”。常见的剧情类、搞笑类短视频创作者也经常使用全景拍摄的方式。

3. 中景

中景拍摄，主要是拍摄成年人膝盖以上的部分，或者是场景内某些局部的画面。中景拍摄会更加重视人的具体动作。

在大部分剧情类短视频中，采用的都是以中景拍摄为主的方式，通过中景拍摄可以更加清晰地展示人物的情绪、身份、动作等，给足了人物形体动作、情绪的交流空间。当人物间交谈时，画面的结构中心是人物视线的交流、标签以及展现的情绪等。

4. 近景

近景拍摄主要是拍摄成年人胸部以上的画面，或者是物体局部的画面。近景拍摄可以非常清晰地展现人物面部的神情，刻画人物性格。

在近景拍摄的时候，五官成了主要的表达形式。

比如，人物在开心的时候便用眉开眼笑表示；悲伤的时候眼角带泪珠，神情悲壮；有顾虑的时候皱眉，眼带忧思等。

近景拍摄往往是通过无关的情绪，让观众感知你的情绪，给观众留下深刻的印象。同时近景拍摄不容易产生距离感，会让观众无形中与角色产生交流感。

5. 特写

特写拍摄，一般是拍摄成年人肩部以上的部分，或者是某些极其细节的画面。

比如，妈妈脸上的皱纹、父亲头上的白发。

特写画面内容是单一的，这时候背景一点都不重要，更没有烘托的效果。特写画面一般用于强化某些内容，或者是突出某种细节。

特写画面通过描绘事物最有价值的细部，排除一切多余形象，从而强化了观看者对所表现的形象的认识，并达到透视事物深层内涵、揭示事物本质的目的。

比如，一只握成拳头的手以充满画面的形式出现在屏幕上时，它已不是一只简单的手，而似乎象征着一种力量，或寓意着某种权利，代表了某个方面、反映出某种情绪等。

特写一般出现在剧情类，或者带有情绪表达的视频、图片中，出现在短视频中的时候，一般与近景和中景一起出现，并且在短视频中充当场景转换时的画面。

三、拍摄方向

视频拍摄方向及效果。

拍摄方向是指在同一水平面上围绕被摄物四周所选择的拍摄点（图 4-16）。

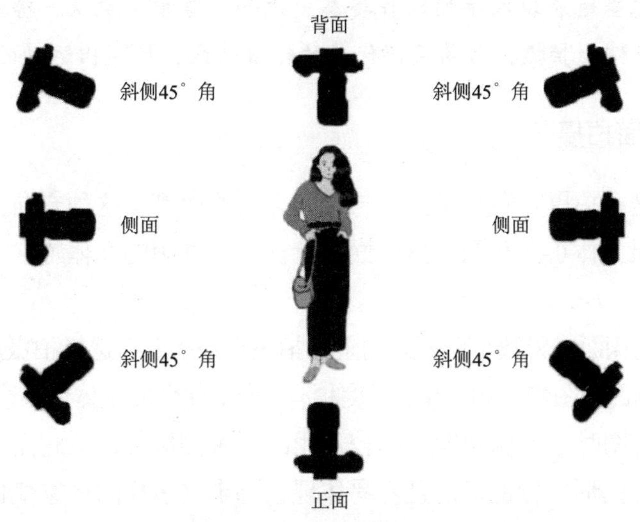

图 4-16　拍摄方向示意

在拍摄距离、拍摄高度不变的情况下，不同拍摄方向呈现不同的构图变化，产生不同的画面效果。

1. 正面方向

正面方向拍摄时，镜头在被摄主体的正前方，并与被摄人物的视线或建筑物的朝向基本成一条直线，能表现被摄对象的正面全貌，给人以一目了然的感觉。

拍摄人物时，能看到人物的完整脸部特征、表情和动作，容易产生亲切感和参与感，常用于各类节目主持人和采访类节目。缺点是不宜表现空间感立体感。

2. 侧面方向

侧面是指正侧面，即拍摄方向与拍摄对象正面成 90° 的夹角，侧面构图表现人物形象时，立体感增强，画面有明确的方向性，并产生动势，能很好地表现出被摄者面部和体形侧面的轮廓特征。

正侧面能生动地表现出人物面部及体形的轮廓线条，是拍人物剪影的最佳方向。

正侧角度还能将人的脸部神情、手的动作及身体的形状，不重叠地展现出来，能比较完美地表现人物的动作姿态。比如，跑步、跳跃、跨越、投掷等运动姿态。从正侧面拍摄，容易获得优美的轮廓形式，展现出运动的特点。

3. 斜侧面拍摄

斜侧面是指拍摄方向介于正面与侧面之间的角度，这种方向上的构图能够表现出被拍摄主体正面和侧面两个面的特征，有鲜明的立体感、方向性和较好的透视效果。

从正面到侧面有无数个斜侧方向上的拍摄点，所以在选择拍摄点时，要注意斜侧程度给画面构图带来的变化，角度稍有变化，便会使主体形象产生显著变化。

在进行构图时，前侧角度是比较常用的一种拍摄方位。此角度兼顾拍摄对象正面和侧面的形象特征，而且容易体现景物丰富多样的形象变化，也打破了构图的平淡和呆板。例如，在拍摄双人画面时，斜侧拍摄可以更好地突出接近镜头的人物形象，顿显两者的主次关系。

反侧角度的拍摄往往体现一种反常的构图意识，往往能够把拍摄对象的一种特有精神表现出来，获得别具一格的生动画面。当然，反侧角度在摄影创作中使用频率有限，只有少数适当的场景才适合拍摄。

4. 背面方向

背面方向拍摄是指在被摄对象的正后方拍摄，这个角度常被摄像师所忽视，其实只要处理得好，也能给人以新意、含蓄之感，尤其是在拍摄人物时，观众不能直接看到人物的面部表情，只能从人物的手势、体态去理解人物的心理状态，给人以悬念和不确定性，有时能起到剪影和半剪影的效果。

思考并回答：为增强人物立体感，一般选择什么拍摄方向？

课程思语

人的思维方式决定看问题的角度和深度，短视频需要我们从多角度去取景来达到想要的视觉效果，其实生活亦然，当我们遇到困难、挫折时有的人选择了无奈地接受，而有的人却会认真思考，从中寻找突破口，跳出既定思维模式，另辟蹊径，踏出一条独特的路来。改变固有的一个角度看问题的思维定式，养成多方位、多角度去看问题的习惯，积极改变思维，另辟蹊径，往往会事半功倍。

第四节　短视频拍摄光线

短视频拍摄过程中，想要更好地展现视频主题，让视频加分，吸引人们的目光，就应合理并且很好地运用光线和一些道具进行配合。

一、自然光的应用

视频拍摄中，自然光的来源一般指太阳，由于太阳光在不同时间段的强度和角度不同，因此光照效果也不同。

要想利用好自然光，就要学会感受光，一天之中，直射的太阳光因早晚时刻不同，其照明的强度和角度是不一样的。早上光线太弱，太暗不适合拍摄，而中午的太阳光太亮，容易造成拍摄曝光，甚至因为光线太强烈、气温太炎热都会影响到镜头前的状态。

通常上午 8 ~ 11 点，下午 2 ~ 5 点（具体时间各地有所差异），太阳光与地面的角度为 15° ~ 60° ，照明强度比较稳定，能较好表现地面景物的轮廓、立体形态和质感，还能极好地表现画面的明暗和反差。缺点是受外界干扰因素很大，光线不稳定，甚至有时候会因为太阳逐渐偏移，导致拍摄的位置一直在改变。

1. 晴天如何拍短视频

在晴天日光充足的情况下，光线明亮、色彩鲜艳，是最容易拍摄的环境，同时也是弹性最大的拍摄天气。应尽量选择在多云、日照充足的时候拍摄。

2. 阴天如何拍短视频

阴天的云层一般可以将太阳光完全遮挡住，光线以散射光为主，较为柔和、浓密。在阴天环境下，画面的色彩会显得非常浓郁。

阴天的云层比较厚，这是一个天然形成的“柔光板”，在这种环境下拍摄的景物阴影不会太过强烈。尤其是云层因为气压而接近地面时，只要适当地搭配景物，就会有独特的视觉效果。但是，由于阴天的光线不足，因此在拍摄人像时可以使用反光板来补光。

3. 雾天如何拍短视频

云雾缭绕给人一种置身于仙境的感觉。在雾的帮助下，可以产生虚实对比，为画面增添意境。尤其是拍摄山峦时，云雾缥缈的感觉可以让画面中的山峦显得更有灵气。

在迷雾天气下，拍不出蓝天和白云的远山之美，但可以拍出迷雾虚渺的梦幻境地。要想拍出大雾缭绕的仙境效果，最好选择在雨后的清晨拍摄，因为这个时候是最容易起雾的。

二、不同光位的应用

拍摄光位及运光效果。

光位，即光线的方位，是光源所处的位置。不同的照明方向和照明角度会产生不同的照明效果。以被摄体为圆心，在水平面和垂直面各作一个圆周，可将光线按光位划分为顺光、侧光、逆光、顶光以及底光等（图 4-17）。

图 4-17　光位示意

1. 顺光

顺光也称正面光，指的是投射方向和拍摄方向相同的光线。相机和灯光都处于被拍摄人物的同一侧。

顺光拍摄人物，将灯光以水平角度直射人物，使得五官阴影位不明显，如果将灯光角度向上调整的话，下巴、鼻子等部分便会出现阴影。

采用顺光拍摄的短视频，能够让主体呈现出自身的细节和色彩，使画面更具有吸引力。

2. 逆光

逆光也叫背光，或者轮廓光、剪影光。将灯光完全放到主角背后，拍出背光的效果，灯光打亮人物的头发和肩膀，只有边缘位出现亮光，但脸上五官都处在阴影处。

逆光能营造生动的轮廓光线，使画面产生立体感、层次感；增强质感和氛围意境，有艺术感、反差大，有视觉冲击力。

3. 顶光

顶光是指从头顶照射的光线，人物在这种光线下，其头顶、额头、颧骨、鼻头、下巴尖等高起部位被照亮；下眼窝，两腮和鼻子下面等凹处完全处于阴影之中，一般认为顶光属于反常光效，能丑化人物形象。

4. 底光

底光也叫脚光或者鬼光，它和顶光完全相反，是指灯光在人物下方，从下往上照射。脚光能突出鼻子底、眼睛下面和下巴，能清楚看到人物的眼神。

5. 侧光

侧光包括前侧光、正侧光、后侧光。

（1）前侧光一般是指 45° 角光，由于不是正面向人物打光，所以在照亮脸部的同时，更多阴影能够呈现出来，比如另一侧脸的鼻子等，形成两边脸的轻微反差。

（2）正侧光也叫分割光，脸的阴影占据一半，戏剧效果比较明显。我们从水平角度不断移动灯光，可以看到人像脸上光影细节的变化。试试从侧面为人物打光，这样会形成一边脸亮位与另一边脸暗位的强烈反差。

（3）后侧光又称侧逆光，是将灯光调整至人物背后，呈 135° 角，不少电影拍摄都有采用这种方法，让光线只集中在人物一边脸的小部分位置上，其他部位，比如眼睛、鼻子、嘴等仍然维持在阴影处，感觉更加神秘。

提问：以下哪个光位是将灯光放在主角背后？

A. 顺光　B. 逆光　C. 顶光　D. 底光　E. 侧光

三、利用道具来打光

如果将视频影像比喻成一幅画，光线就是画笔，光影造就了影像画面的立体感。我们在拍摄短视频的时候，要想有这种立体感，除了要学会利用自然光外，还要懂得利用不同的道具来打光。

1. 环形光——美颜灯

一般拍摄口播类视频时会常常使用，把环形光支架支在靠窗的小桌子前，插上电源，把手机固定在环形灯中间，打开灯光开关，光线很快就会铺满人物的正脸，这样的拍摄效果会让人脸非常明亮，通常曝光均匀且阴影暗区较少，但是如果装扮有瑕疵的话，灯光会很容易把缺点暴露无遗。

2. 球状光

球状光非常适合给人物打光，比如太阳的自然光就是球状光，距离越远越柔和，我们都生活在球状光下，自然接受球状光的感受更佳。

球状光的光线通过球体的折射，会让发光面积扩得很大，距离越远，光线越柔和，光线打到人脸上就会非常均匀的过渡自然。

3. 柱状光

柱状光的光线会比较窄，光线打出来会很硬，亮度足，打到人物脸上会高光比较足，对于很多样貌突出、身姿曼妙的女生而言，可以通过柱状光来突出其优势。

四、三点布光法

在拍摄过程中，被拍摄对象往往会因为受到环境的影响，导致颜色失真。这个时候，我们就需要在拍摄过程中对拍摄对象进行布光，使得能够还原色彩，并提高视频的清晰度。

三点布光有三个光源，分别为主体光、辅助光、轮廓光（图 4-18）。

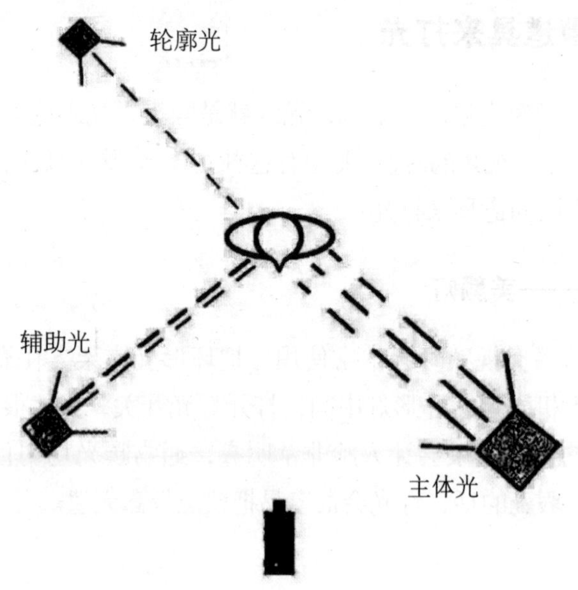

图 4-18　三点光源位置示意图

（1）主体光（简称主光）是建立照明方案所围绕的光源。它通常是拍摄场景主要照明的提供者，其他灯具（强度和属性）都需“调节”到主光源之下。主光灯可以放在被摄主体周围的任何地方，不过通常放在摄影机镜头轴线 45°（纵向和横向）位置并处于人的头部以上的高度。

（2）辅助光是指与主光相对应的光源，也称补助光或副光，常用比较柔和的散射光，亮度不强于主光。主要用于填充阴影区以及被主光遗漏的场景区域，调和明暗区域之间的反差，以便能形成景深与层次。辅光灯的物理位置通常是在摄影机镜头轴线的 45° （横向），主光灯的相反方向。

（3）轮廓背景光，是在被摄主体的背后勾勒出轮廓或做出光环效果的光。由于它位于被摄主体的后面（在电影布景中处于摄影机镜头的反方向），提供光线来“勾勒”被摄主体的轮廓，所以背景光用于把物体从背景中分离出来，并在电影画面中增加深度的错觉。

这三种光发出的光的强度必须足够实现整个场景的曝光。显然主光会提供最多的照明。辅助光将根据想要反差的大小（阴影的大小）提供不同程度的额外照明。背景光只需要给被摄主体的轮廓提供能够被感光材料拍到的足够的光晕即可。

在这里以拍摄人物为主体的短视频为例，介绍三点布光技巧。

1. 主体光（主光）

主光是照明的主要来源，有助于创造整体外观。打开主光，看人物面部右半边脸很亮，左半边脸部分处在阴影处。

主光源可以在右前侧面 45° 角，左边脸形成三角形光斑，叫伦勃朗光。

也可以把主光源放在人物的侧面 90° 的位置，阴影的面积增大，半张脸都在阴影里，叫分割光。把主光源移到正面位置的过程中，人物面部的阴影面积就会逐渐减少，阴影面积取决于造型的需要，没有对错之分。最常用的设计是把主光源放在人物前方斜侧，且略微高一点，之后再根据需要调整。

2. 辅助光

辅助光的作用是控制阴影的明暗度。打开辅光，会发现阴影处的人物光线不那么硬了，变得柔和多了。

3. 轮廓光

轮廓光有助于将主体与背景分开。打开轮廓光光源，让它正好打亮人物的头发和肩膀，整个画面会比较有层次感。

轮廓光帮助主体和背景上区分开来，让画面看上去更具有空间感。特别是对于黑头发，黑衣服，背景也很暗的时候，如果没有轮廓光，它们容易混为一体。轮廓光通常是硬光，以便强调主体轮廓。

打开轮廓光前，可以先将主光和辅光关闭，这样会看得更清晰。打开轮廓光后，调整轮廓光的位置，应正好能打亮人物的头发和肩膀，而且肩膀地方的光不要出来太多，否则胸前会形成大面积的高光，影响画面效果。轮廓光的高度和强度，对画面影响很大，轮廓光在人物背后 45° 角，高过头和肩部，是典型的采访式的打光方式。

主光制造阴影，辅助光则控制阴影的明暗度，轮廓光将主体与背景分离。辅助光通常在对应主光源的另一边，面部明暗度可以由辅助光的强弱来控制。移动辅光源位置，是最简单丰富暗部的方式。阴影慢慢变亮，就是因为辅助光灯靠近人物。

即学即练 提问：三点布光法有哪三个光源？

小提示

户外拍摄时，太阳是最好的光源，既可以做主光，也可以做辅助光、轮廓光。在阳光充足的情况下，可以用太阳光做主光，用柔光布做辅助光。在夕阳西下的时候，太阳光做轮廓光，可拍出人物金色的头发及优美的身姿剪影。

课程思语

荀子说："君子生非异也，善假于物也"。借助光线拍摄视频能让画面更加出彩，生活中一些成功人士也非常善于利用客观条件，作为解决问题的有效手段，最终迈向成功。

第五节　短视频拍摄运镜

即学即练 短视频运镜方法及应用场景。

运镜，就是进行短视频拍摄时通过移动机位，或者改变镜头，来拍摄出不同的画面效果。通过不同的运镜手法，拍摄出不同的短视频画面效果，是短视频拍摄必备的技能。运镜方式可以分为推、拉、摇、移、跟、升降、环绕这几种。

一、推镜头

1. 定义

镜头由远到近，靠近物体。场景画面由较大范围转向较小范围。

2. 作用

（1）通过景别的变化（远、全、中、近、特写），突出主体，突出人物。
（2）利用运镜手法，增强用户代入感，使观众注意力集中。
（3）放大人物的表情，放大某个物体，营造视觉冲击感。

3. 应用场景

推镜头由远及近形成代入感，适合做开场的镜头。并且在细节不足以引起观众注意时，可以用推镜头的方式，微微向前推，起到强调细节的作用。

二、拉镜头

1. 定义

镜头从近到远，逐渐远离主体。场景画面由较小范围转向较大范围。

2. 作用

“拉”的运镜技巧能够起到交代环境、突出现场的作用，让看视频的人了解拍摄主体所在的环境特点，增加画面的氛围。

3. 应用场景

拉镜头由近到远，有退出的感觉，所以很多场景的结束用拉镜头的方式，给人以落幕之感。

即学即练 判断：镜头从近到远，逐渐远离主体的是推镜头。

三、摇镜头

1. 定义

拍摄机位不动，借助底盘，做上下、左右、旋转的运动，来改变拍摄的方向和范围，达到改变画面内容的效果。

2. 作用

（1）通过运镜，实现单个镜头无法呈现的画面。

（2）通过左右、上下周边的摇动，来描述空间、介绍环境、展现全貌。

3. 使用场景

（1）用于整体环境的人物、物体的介绍，更适合山水风景、城市楼宇、大型宴会、天空海洋等大范围的短视频场景拍摄。

比如，相机架在门口，通过短视频左右摇动运镜，展示办公室的布局；上下摇动，看看人穿的衣服、发型是什么样的。

（2）摇镜头会产生镜头起幅和落幅之间的逻辑勾连关系，这种视觉勾连可以通过镜头摇动错位重组来实现。

即学即练 判断：摇镜头时在拍摄的过程中相机不动。

四、移镜头

1. 定义

广义的移镜头指的是所有运动镜头形态的整合，是各种运动形态的有效组织。前面介绍的推、拉、摇都可以看成是移镜头。狭义的移镜头指的是摄影设备放置在运载工具上，沿水平面移动拍摄。

2. 作用

（1）表现人物环境的关系，让用户产生身临其境的感觉，移镜头可以创造出主观镜头的视觉效果。

（2）通过与其他运镜方式的结合，呈现出不一样的短视频镜头效果，产生或者说创造视觉张力。

3. 使用场景

场景衔接，开场人物或环境介绍。

比如，做房地产销售的，利用“移”的短视频运镜，边走边说，介绍房屋的特点，让用户有置身之中的感觉。

小提示

“摇”和“移”的区别在于：摇，相机不动，围绕人物做左右摇动；移，人动相机动，相机跟随人物向同样的方向移动。

五、跟镜头

1. 定义

镜头跟随人物、运动着的被摄物体进行拍摄。按照跟随被摄主体拍摄方向的不同，跟镜头大致可以分为：前跟、后跟和侧跟三种情况。

2. 作用

（1）运用“跟”镜头，可以更好地突出主体。

（2）表现人与环境的关系，引导用户视线。

（3）表现人物连续的动作表情，以及所有运动的主体。

3. 使用场景

奔跑着的动物，向前走着的人等，可以搭配慢镜头，使人物情感表达更鲜明。

六、升降镜头

1. 定义

镜头的上下移动。升镜头可以看作是拉镜头与摇镜头的结合，降镜头可以看作是推镜头和摇镜头的结合。

2. 作用

表现高度，垂直的空间感，带来画面视域的扩展和收缩。

3. 使用场景

表现主题的全貌。用以展示事件或场面规模、气势和氛围。

比如，从下至上拍摄整栋房屋、大楼的全貌。

七、环绕镜头

1. 定义

相机围绕中心物体，进行环绕拍摄。

2. 作用

通过运镜突出主体，让短视频画面更有张力，营造一种独特艺术氛围。

3. 应用场景

可以在被摄主体不动时，以其为中心，机位围绕主体进行环绕运镜拍摄。

课程思语

视频拍摄中我们要根据拍摄对象的不同，适时调整自己的运镜方式，获得最佳的拍摄效果。环境永远不会主动去适应我们，但我们可以改变自己，去适应环境，就像柔弱但“懂得变通”的水，无论横亘在它前面的是险滩还是巨石，都可以找到自己通往目标的道路。

第六节　手机拍摄短视频

手机是我们常用的拍摄设备，只要启动手机中的相机应用，滑动到视频模式，然后轻点按键就可以开始拍摄了。

一、手机拍摄视频的优势

随着智能手机拍照功能不断升级，手机拍照从最初的“鸡肋”变成了今天的必备功能。目前，更多的人开始拿起手机拍摄短视频并即时上传，而用户也更钟情于在移动端观看这些短视频。

具体来说，手机拍摄视频的优势体现在如图 4-19 所示的几个方面。

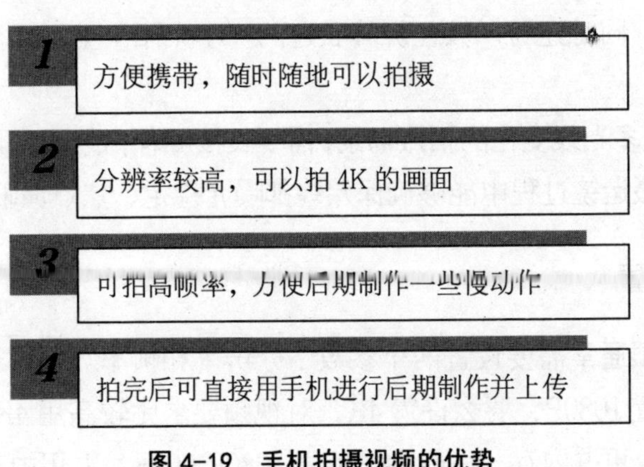

图 4-19　手机拍摄视频的优势

即学即练 判断：短视频拍摄过程中尽量不使用手机拍摄。

二、拍摄基础操作

即学即练 手机短视频拍摄参数设置有哪些？

利用手机短视频拍摄，要学会其基础操作，对对焦、曝光、视频帧数、分辨率设置、视频比例、景别等都要有一定的掌握。

1. 对焦与曝光

对焦与曝光是视频拍摄的基础操作，在手机的视频拍摄模式下，点击屏幕即可实现对焦，同时还可以按住屏幕右边的“小太阳”上下滑动调整，可以调节画面曝光。

另外，在许多光线变化的拍摄场景，需要长按屏幕，锁定画面的对焦与曝光，这样手机在拍摄运镜过程中能够确保始终都曝光稳定、焦点清晰。

2. 视频设置

手机拍视频通常需要设置两个参数：分辨率和帧率。帧率建议设置 60fps，分辨率要么设置 1080P，要么设置 4K，对视频要求比较高用 4K 60fps，视频更加高清，同时也更占内存，一般拍摄就用 1080P 60fps，占用内存比较小，同时也能保证清晰度。

分辨率和帧率参数的设置，苹果手机在设置中的相机里，安卓手机在相机界面的右上角设置中。

3. 视频比例

手机在视频拍摄模式下，默认的比例是 16∶9，也就是手机横拍的比例，手机竖拍的比例是 9∶16，建议使用横拍的画面比例。在后期剪辑软件中，可以根据自己的需要灵活调整画面比例，比较常用的就是 16∶9、9∶16、2.35∶1（电影宽荧幕）这几个比例。

4. 视频的表现形式

视频主要有三种表现形式：常规速度视频、慢动作视频、延时摄影视频。常规速度视频接近人眼真实所见的画面，慢动作视频能够表现细微的瞬间变化，延时摄影视频能够表现时间流逝、快速变化感。

（1）慢动作拍摄技巧。

慢动作，指的是画面的播放速度比常规播放速度更慢的视频画面，之所以画面的播放速度慢，是因为慢动作视频的每秒帧数比常规速度视频要高很多，也即是在每秒播放的画面要更多，呈现出来的细节更加丰富，画面就要比正常速度的视频更慢些。

在大部分手机自带相机的拍摄模式中，都有“慢动作”模式，在有些手机中也称为“慢镜头”，直接切换到慢动作模式，即可拍出具有慢动作效果的画面。慢动作视频画面的播放速度较慢，视频帧数通常为 120fps 以上，记录的画面动作更为流畅，也称为升格。

慢动作主要拍摄的题材有：人物动作类场景、动物跑动、自然界中的风吹草动、流水等。

拍摄慢动作视频对光线的要求较高，尤其是拍摄 8 倍或 32 倍慢动作时，光线一定要非常强，才能拍摄到更加曝光到位、更加流畅的画面。因为慢动作视频每秒需要播放更高的帧数，也即是在每秒钟需要捕捉到更多的画面，如果光线不够强，拍到的视频画质就会比较差，慢动作的倍数设置得越高，就越需要更强的光线才能保证画面的清晰度。拍摄慢动作时也需要保证手机的稳定，稳定的手持或借助三脚架、稳定器拍摄都可，在拍摄过程中如果手机比较晃动，画面就会不稳定。

另外，慢动作适合拍摄运动速度比较快的景物，如果拍摄运动速度很慢或者静态的景物，拍出来的画面会特别慢或者是静态的画面，缺少动感。

（2）延时摄影拍摄技巧。

延时摄影，拍摄出来的画面变化感是比较快的，延时摄影能够给人非常强烈的视觉冲击感，非常适合用于拍摄一些时光流逝、景物变化、风起云涌的场景。

延时摄影需要使用三脚架拍摄，保持手机的稳定，一般来说自带相机的延时摄影比较“傻瓜”，不能调拍摄的参数。要想拍出变化感比较快的延时摄影，需要调间隔时间这项参数。苹果手机建议使用软件 Procam，延时摄影模式支持参数调整。少部分安卓手机中的自带相机延时摄影模式可以调节速率，也能调节间隔时间，如果不能调整，需要下载延时摄影的软件。

延时摄影适合拍摄的题材主要有：人群车流的走动、云彩移动、日出日落、花开花落等场景，适合表现时间的流逝，延时摄影素材在视频中也能给人比较震撼的画面感。

即学即练 填空：慢动作视频画面的播放速度较慢，视频帧数通常为（ ）以上。

三、拍摄视频转场

即学即练 短视频拍摄转场的方式。

视频转场，也就是前后两个视频画面切换的方式，在拍摄时也需要把握好转场的方法和技巧，让视频的切换更加自然，手机短视频中比较常见的转场方式主要有如图 4-20 所示的几类。

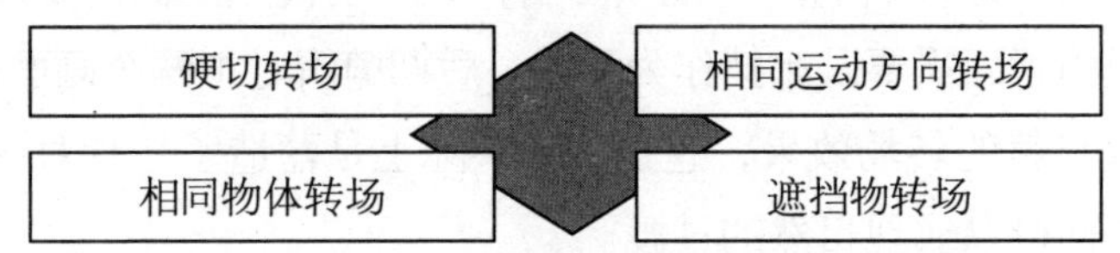

图 4-20 拍摄视频转场的方式

1. 硬切转场

硬切转场，即前后的视频画面直接进行切换，没有任何遮挡、相同景物、同向运镜或后期转场效果的添加，硬切转场是一种非常直接的转场形式，拍摄了多个视频画面，就是直接使用硬切转场的方式。

硬切转场比较适合在拍摄时没有考虑好画面的转场方式，或者没有找到合适的景物来拍摄转场效果。通常，关联性不那么强、反差很大的画面使用硬切转场，可能会看起来不够自然，建议拍摄的画面最好有一定的关联性，使用硬切转场会更加迎合观者的视觉习惯。

2. 相同物体转场

相同物体转场，也是一个比较自然的转场方式，主要的拍摄原理是，前后的两个视频画面都拍摄相同的一个景物，而这个景物是在不同的场景或不同的拍摄视角中出现的，第一个画面拍摄这个主体景物作为结束，第二个画面拍摄这个主体景物作为开始，让观者的视线从第一个画面很自然地过渡到第二个画面。

3. 相同运动方向转场

相同运动方向也是一个非常自然顺畅的转场方式，主要是指前后两个画面中的主体景物，都朝着同一方向运动，同时，手机也保持相同的运镜方向，这样拍出来的两个画面的过渡非常自然。

相同运动方向转场，比较适合拍摄运动中的景物，例如走路的人物、行驶的车辆、骑车人等，拍摄两段及以上的视频画面，都需要确保主体景物是相同的运动方向。同时，手机可以采用跟拍运镜的方式，横移跟拍、推进跟拍、后拉跟拍都可，只要确保前后的两段视频画面都是相同的跟拍运镜方向即可。

4. 遮挡物转场

遮挡物转场，即前后的两个视频画面，第一个视频画面需要以遮挡作为结束，第二个视频画面需要以遮挡作为开始，后期剪辑时把两个画面剪辑在一起，就能得到比较自然的转场效果，遮挡转场实际上是营造了一种对画面的遮挡效果，让两个画面得以实现自然的过渡。

四、拍摄防抖技巧

手机短视频的拍摄过程中，要想保持拍摄稳定，除了使用必要的手机稳定工具以外，还有很多其他的可以保持手机相对稳定的小技巧，具体如图 4-21 所示。

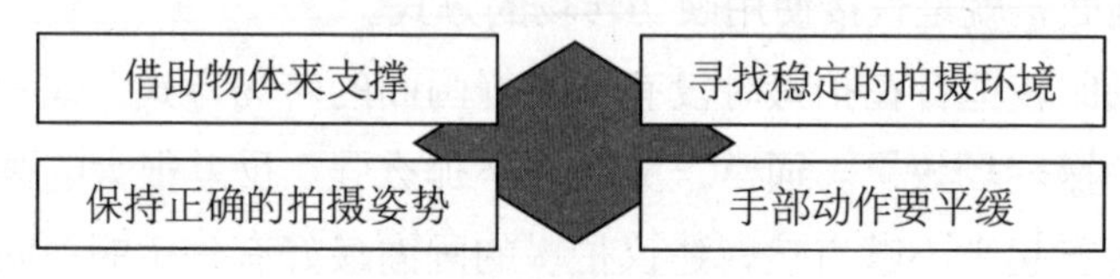

图 4-21　拍摄防抖技巧

1. 借助物体来支撑

在使用手机进行短视频拍摄时，如果没有相应的视频拍摄辅助器，而是仅靠双手作为支撑的话，双手很容易因为长时间端举手机而发软发酸，难以平稳地控制手机，一旦出现这种情况，拍摄的视频肯定会晃动，视频画面也会受到影响。

所以，如果在没有手机稳定器的情况下，只用双手端举手机拍摄视频，最好利用身边的物体支撑双手，以保证手机的相对稳定。

这种技巧也是利用了三角形稳定的原理，双手端举手机，再将肘关节放在物体上做支撑，双手与支撑物平面形成三角，无形之中起到了稳定器的作用。

2. 保持正确的拍摄姿势

用手机拍摄视频，尤其直接用手拿着手机进行拍摄的话，要想让视频画面稳定，除了手机要稳之外，拍摄视频的姿势也很重要。身体要稳，才能保证手机端正，保证短视频拍摄出来是稳定的。

如果短视频拍摄时间过长，直接用手拿着手机进行拍摄会导致身体的不适应——身体长时间保持不动，不仅脖子容易发酸发僵，就连手臂也会因发酸而抖动，从而导致视频画面晃动、不清晰。正确的姿势应该是重心稳定，且身体觉得舒服的姿势，比如从正面拍摄视频时，趴在草地上，身体重心低，不易倾斜，且拿手机的手也有很好的支撑，从而能确保短视频拍摄时手机的稳定性。

3. 寻找稳定的拍摄环境

在短视频拍摄中，找到稳定的拍摄环境，也会对手机视频画面的稳定起到很重要的作用。一方面，稳定的环境能确保视频拍摄者自身的人身安全；另一方面，稳定的环境能给手机一个较为平稳的环境，让拍摄出来的手机视频也能呈现出一个相对稳定的画面。

容易影响短视频拍摄的地方有很多，如拥挤的人群、湖边、悬崖处等，这些地方都会给手机视频拍摄带来很大的影响。

4. 手部动作要平缓

手机视频的拍摄，大部分情况下是离不开手的，所以手部动作幅度越小，对视频画面稳定性的保持就越好。所以，手部动作幅度要小、慢、轻、匀，如图 4-22 所示。

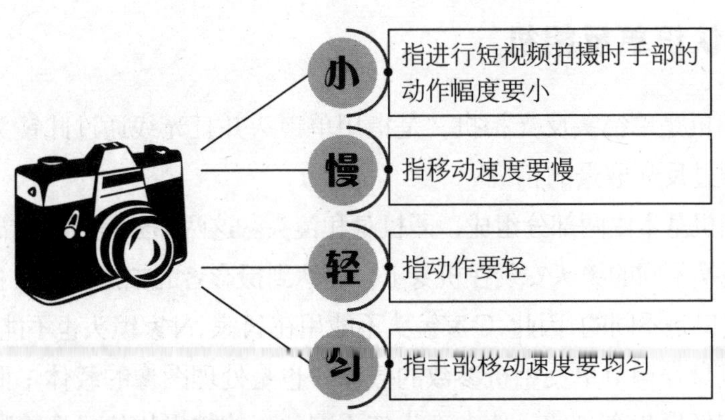

图 4-22　手部动作要点

只有做到以上这几点，才能保证手机拍摄的视频画面相对稳定，视频拍摄的主体也会相对清晰，而不会出现主体模糊看不清楚的状态。

即学即练 思考并回答：在使用手机拍摄时，手部动作幅度有哪些要求？

课程思语

视频拍摄技巧固然重要，但持之以恒更加难能可贵。艺无止境，多学习，多思考，多练习，做有心人，勤学苦练，厚积善悟，方能熟能生巧。

第七节　相机拍摄短视频

使用手机拍摄短视频可能无法满足专业人员的需求，因此越来越多的人开始使用拥有更专业拍摄功能的单反 / 微单相机。由于其镜头的多样化，从而有更好的画质呈现。

一、认识单反相机

单反相机是单镜头反光相机，是指用单镜头并且光线通过此镜头照射到反光镜上，通过反光取景的相机。

单反相机基本由两部分组成，即机身和镜头。这两部分是可以分离的，也就是说可以更换不同的镜头安装在机身上，以达到摄影者的拍摄需求。各个厂家之间的镜头接口是不同的，因此，C 家镜头不能用在 N 家，N 家镜头也不能用在 C 家。

单反机身是调节单反相机参数的载体，也是处理图像的载体；而单反镜头使景物成倒像聚焦在光感元件上。为使不同位置的被摄物体成像清晰，除镜头本身需要校正好像差外，还应使物距、像距保持共轭关系。为此，镜头应该能前后移动进行调焦。

在单反相机的结构中，最为重要的是照相的反光镜和相机上端圆拱形结构内安装的五面镜或五棱镜。拍摄者正是使用这种结构从取景器中直接观察到通过镜头的影像。光线透过镜头到达反光镜后，折射到上面的对焦屏，并结成影像，透过接目镜和五棱镜，拍摄者就可以在取景器中看到外面的景物。

二、单反相机拍摄的优劣势

单反相机是一种中高端摄像设备，用它拍摄出来的视频画质比手机的效果好很多。如果操作得当，有的时候拍摄出来的效果比摄像机还要好。

1. 单反相机拍摄的优势

使用单反相机拍摄视频，具有如图 4-23 所示的优势。

1 能够通过镜头更加精确地取景，拍摄出来的画面与实际看到的影像几乎是一致的

2 单反相机具有卓越的手控调节能力，可以根据个人需求来调整光圈、曝光度以及快门速度等，能够比普通相机取得更加独特的拍摄效果

3 镜头也可以随意更换，从广角到超长焦，只要卡口匹配，完全可以随意更换

图 4-23 单反相机拍摄的优势

2. 单反相机拍摄的劣势

使用单反相机拍摄视频，具有如图 4-24 所示的劣势。

劣势一	单反相机的价格比较昂贵，一般人承担不起，而且它的体积相对普通相机来说比较大，便携性比较差
劣势二	它的整体操作性也不强，如果是初学者可能很难掌握拍摄技巧
劣势三	它没有电动变焦功能，这就使得拍摄过程中会出现变焦不流畅的问题，尤其是它的拍摄时间限制在 30 分钟会造成拍摄时间过短、视频录制不全等问题

图 4-24 单反相机拍摄的劣势

三、单反相机拍摄的技巧

即学即练 单反相机短视频拍摄的相关设置。

专业的影像人士或者视频创作者一般都喜欢用单反相机来拍摄视频，那么，它有哪些拍摄技巧呢？

1. 设置视频录制格式和尺寸

这一步设置对单反相机拍摄视频显得十分的重要，有很多没有经验的新手经常是一拿起相机就开始拍摄，事后却发现拍摄出的视频尺寸不对。特别是在拍摄商业片时，如果是甲方有非常明确的视频尺寸要求时，你又拍错了尺寸，这样会造成很多麻烦。

一般来说，在没有特殊要求的情况下，建议选择录制分辨率为1920×1080，帧速率为25，格式为mov的高清视频（图4-25）。

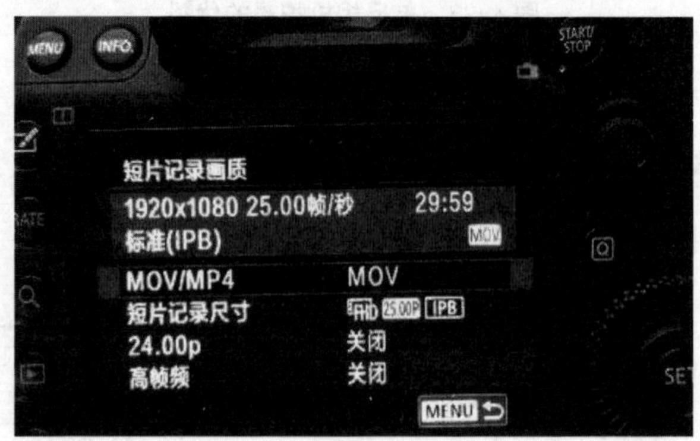

图 4-25　设置录制格式和尺寸

2. 使用M挡固定曝光

尽管单反相机在拍摄视频的时候，有很多自动模式，不需要复杂的设置，就可以拍摄出效果不错的视频，但是如果想要更可控的效果，建议使用相机的

M 挡，手动设置曝光量，可达到锁定曝光不变的目的（图 4-26）。

如果使用单反相机的自动模式（尤其是配合点测光模式时），在某些明暗变化较大的场景下，视频的曝光会受到取景的变化而忽明忽暗，影响观看效果。

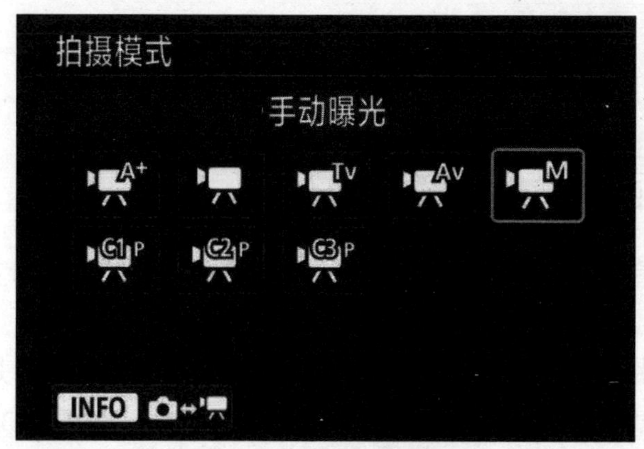

图 4-26　使用 M 挡固定曝光

3. 设置快门速度

与拍摄静态照片不同，拍摄视频，如果快门速度过快，视频就会有比较明显的卡顿感；如果快门速度过慢，动态视频又会显得清晰度不够。通常，在进行视频拍摄时，快门速度建议值为帧率 2 倍的倒数，效果较为理想（图 4-27）。

比如，你拍摄的视频为 1080P 25fps，即每秒 25 帧，那么，建议的快门值则固定为 1/50s；如果是 1080P 24fps，由于相机的快门速度无法调整为 1/48s，所以可以选择近似值，即 1/50s 也是可以的。

图 4-27　设置快门速度

即学即练 判断：在用单反拍照片时，快门速度越慢，画面的运动模糊越明显；反之，快门速度越快，画面越清晰锐利。

4. 设置光圈

光圈主要是控制画面亮度及背景虚化，光圈越大，画面越亮、背景虚化越强；反之光圈越小，画面越暗、背景虚化越弱。

需要注意的是，光圈数值越大实际光圈越小。比如，F2.8 是大光圈，F11 是小光圈。但是光圈过小时，会让画面变暗，这时就需要用 ISO 感光度来配合使用。

5. 设置感光度

感光度是可以协助你控制画面亮度的一个变量，在光线充足的情况下感光度越低越好，即使是在比较暗的环境，感光度也不要设置太高，因为过高的感光度会在画面中产生噪点，影响画质。特别是当感光度大于 2000 以后，会看到屏幕上有很多密密麻麻的小花点在闪动，这就是噪点，这些噪点将会严重影响视频画质，而且后期是无法修复的。

即学即练 判断：在较暗的环境中，感光度调得越高越好。

6. 设置白平衡

白平衡建议设置为手动，色温可以控制画面的色调冷暖，色温值越高，画面颜色越偏黄色；反之值越低，画面越偏蓝色，一般情况建议录制画面时将色温调节到 4900 ~ 5300 即可。这是一个中性值，适合大部分拍摄题材（图 4-28）。

图 4-28　设置白平衡

7. 使用手动对焦

进行视频拍摄时，最大的难点是控制对焦。在使用单反相机拍摄视频的过程中，建议使用手动对焦。

拍摄人物的时候，建议使用面部追踪对焦模式，即便人物主体在前后移动，也能保证脸部随时都是清晰的，大大降低了跟焦的难度（图 4-29）。

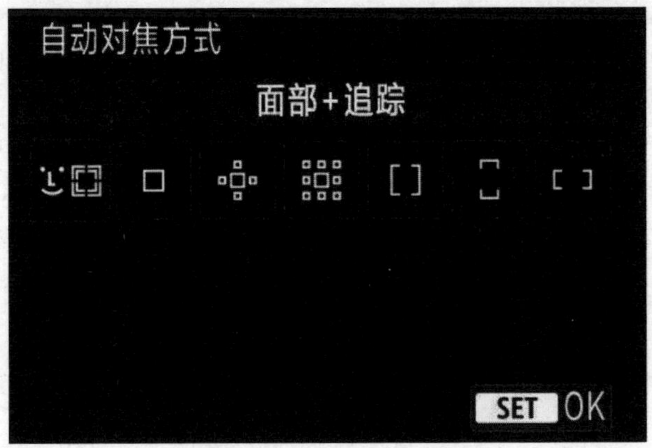

图 4-29　面部追踪对焦模式

8. 正确使用防抖功能

通常在手持单反相机进行拍摄时，尤其是在用大变焦镜头拍摄时，机身的重量加上镜头的重量很容易使手部疲劳，为了防止拍摄时因手部疲劳产生的抖动导致画面拍虚，将机身或镜头上的防抖功能开关打开，则可以有效避免上述情况的发生。

三脚架作为拍摄重要的辅助工具，目的之一便是为了防止手持相机拍摄时产生抖动，以致影响拍摄的画质。但当我们用三脚架拍摄时，一定要记得关闭镜头上防抖开关，如果打开防抖开关，即便相机在三脚架上已经很稳定了，但相机的防抖功能仍会继续侦测并进行防抖校正，造成适得其反的效果。

在追焦拍摄一些运动物体时，为了凸显被摄主体，往往达到拍实（清晰）被摄主体同时虚化背景的效果，但当你发现所拍画面出现被摄主体及背景都拍摄清晰或都拍模糊时，首先检查镜头上的防抖开关是否处于开启状态，也就是说，在这种拍摄场景下，最好关闭防抖开关。

当采用三脚架进行视频拍摄时，若发现所拍摄视频仍然有画面上下不稳定状抖动，可能是因为在拍摄时忘记关闭防抖开关了，应该在开机拍摄前做好检查，将防抖开关拨动至关闭状态，这也是一些新手经常会忽略的地方。

小提示

在适当的场景下开启或关闭防抖功能是避免将画面拍虚的一项重要措施，但并非所有拍虚的画面都是因为防抖功能的使用不当造成的。比如快门速度的设置及反光板预升功能的影响等。

课程思语

学习视频拍摄需要我们沉下心来，潜心研究，勤学苦练，学习的态度决定你成长的速度，做人的态度决定你成就的高度。

第五章

后期：后期制作打造经典作品

知识目标

1. 掌握短视频剪辑基础知识。
2. 理解短视频剪辑技巧。
3. 懂得常用剪辑软件的使用。
4. 掌握剪映的使用方法。

技能目标

1. 应用剪辑思维，合理完成视频剪辑，并突出视频主题。
2. 熟练操作剪映软件各项功能，快速完成视频剪辑。

课程目标

通过强化短视频剪辑实操，让学生树立规则意识，引导学生形成不断学习行业新技术、新工具的职业习惯，培养学生严谨细致、吃苦耐劳的劳模精神。

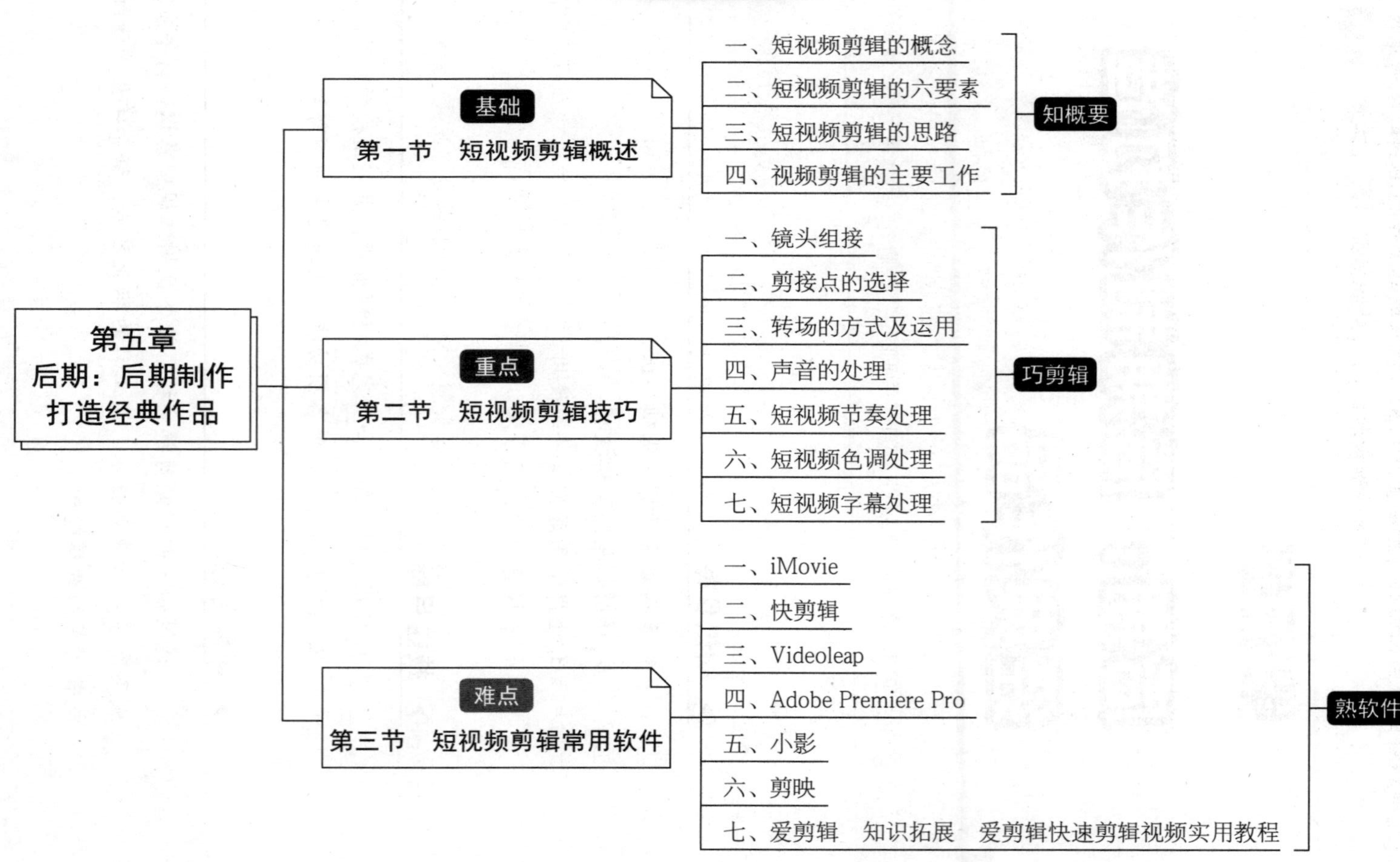
学习引导
第五章
后期：后期制作
打造经典作品
基础
第一节 短视频剪辑概述
一、短视频剪辑的概念
二、短视频剪辑的六要素
三、短视频剪辑的思路
四、视频剪辑的主要工作
知概要
重点
第二节 短视频剪辑技巧
一、镜头组接
二、剪接点的选择
三、转场的方式及运用
四、声音的处理
五、短视频节奏处理
六、短视频色调处理
七、短视频字幕处理
巧剪辑
难点
第三节 短视频剪辑常用软件
一、iMovie
二、快剪辑
三、Videoleap
四、Adobe Premiere Pro
五、小影
六、剪映
七、爱剪辑 知识拓展 爱剪辑快速剪辑视频实用教程
熟软件

案例导入

“山西非遗”让非遗“活”起来（剪辑篇）

视频剪辑是将图片、视频及背景音乐进行重新剪辑、整合、编排，从而生成一个新的视频文件的过程，不仅是对原素材的合成，也是对拍摄素材的二次加工。“今天你吃土了吗？”这则介绍“土味”非遗——武乡炒指的短视频，在视频素材拍摄完成之后，也需要通过视频剪辑的二次创作，做好文化传承，增强文化自信。

“今天你吃土了吗？”视频展示了炒指制作的精湛工艺，视频剪辑以炒指制作六大道工序为主线，在视频剪辑点的选择上，采用动作剪辑点组接，同一个动作换不同的 2 ～ 3 个机位来拍摄。剪辑时，利用动作衔接镜头和利用动作错觉转化镜头，将动作的瞬间组结在一起，增强动作连贯性和流畅感，使镜头的转化从形式到内容紧密地结合在一起；利用短镜头的反复跳切增强剧情节奏感，以及利用静态的短镜头跳切造成动势感。

视频选择节奏轻快且节奏感较强的轻音乐的配音风格，与非遗的厚重文化感相匹配，声音风格沉稳而细腻，语速处理柔顺而平稳，与非遗文化庄严之美相得益彰。

思考：

1. 观看“今天你吃土了吗？”这则短视频作品，体会并交流视频剪辑中剪辑点的选择、画面组接方式、配音选取等方面的感受。

2. 观看“山西非遗”的其他短视频作品，谈谈视频剪辑对于视频二次创作的作用。

第一节　短视频剪辑概述

剪辑，不仅是技术，而且是一种有创造性的艺术形式。从某种程度上说，剪辑师的剪辑能力对整个短视频的成败起着至关重要的作用。

一、短视频剪辑的概念

“剪辑”一词原为建筑学术语，意为“构成、装配”。后来才用于电影，音译成“蒙太奇”。短视频剪辑就是将所拍摄的大量素材，经过选择、取舍、分解与组接，最终完成一个连贯流畅、含义明确、主题鲜明并有艺术感染力的作品的过程。

二、短视频剪辑的六要素

好的剪辑会让用户注意不到剪辑的痕迹。这就需要把握剪辑的六要素，具体如图 5-1 所示。

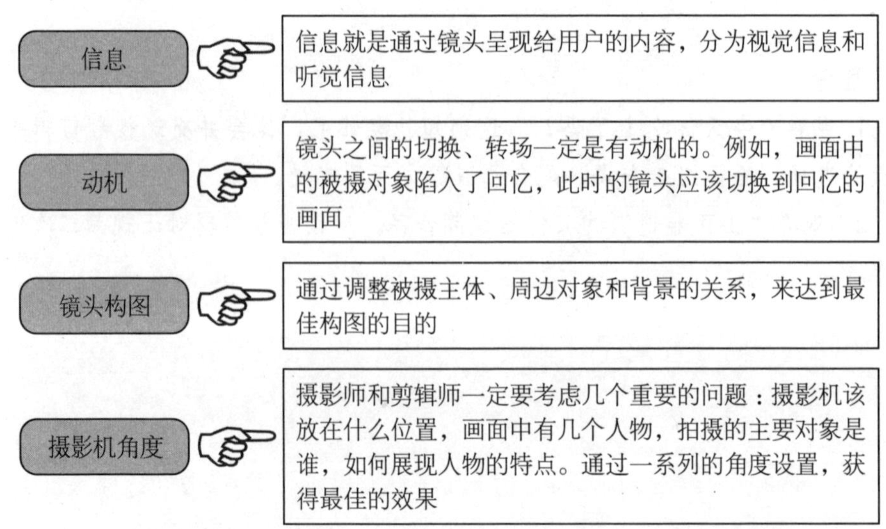

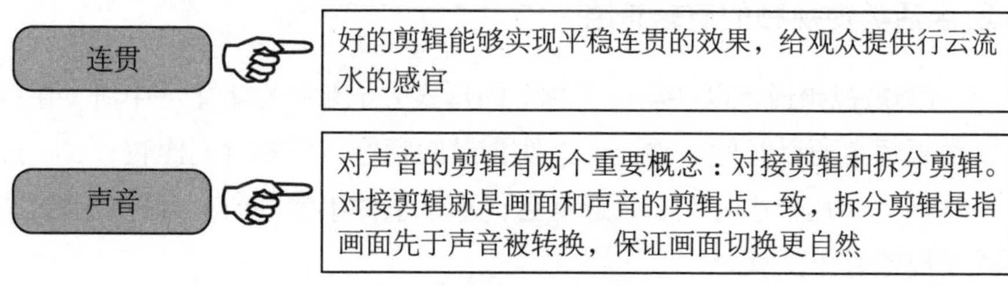

图 5-1 剪辑的六要素

即学即练 思考并回答：短视频剪辑的六要素是什么？

三、短视频剪辑的思路

在开始短视频剪辑之前，思路分析是必不可少的环节，剪辑思路的确定直接影响短视频质量和剪辑效率。无论是街拍、旅拍还是已经确定剧情的故事片，对于剪辑师来说心中都要有自己明确的剪辑目标。由于视频类型不同，因此剪辑思路也不同。

1. 旅拍类短视频的剪辑思路

由于旅行拍摄的不确定性，在拍摄过程中很多内容并不在计划之内，除了已定的拍摄路线和目标拍摄物之外，多数内容需要摄影师在旅行过程中根据场景的实际内容即兴发挥。

课程思语

旅拍类短视频要求创作者根据拍摄时的实际情况随机应变完成视频创作，但出发前对线路、目的地情况了解等也要做足功课。辩证唯物主义认为，变与不变是相对的，事物的运动发展是变与不变的统一。在不变时，我们积蓄力量，当变化时，我们适时而动，实现由量变到质变乃至发展的飞跃。

2. 生活类短视频的剪辑思路

生活类短视频通常以“第一人称”的形式去记录拍摄者生活中所发生的事情，这类视频主要以时间、地点、事件为录制顺序，录制时间比较长，一般在几个小时甚至十几个小时左右，通常会记录下整件事情的所有经过，通过讲述的形式对视频展开讲解。

在后期剪辑时面对巨大的素材量，这时遵循的剪辑思路是减法原则，也就是在现有视频的基础上尽量删除没有意义的片段，与此同时还要保证短视频整体的故事性。

3. 故事类短视频的剪辑思路

故事类短视频剪辑不同于旅拍、街拍短视频剪辑，可以根据自己的喜好随意发挥，故事类短视频是依据剧本的情节发展进行拍摄的，由大量单个镜头组成，剪辑的难度也相对较大。

一般在剪辑之前首先要熟悉剧本，对剧情的发展方向有一个大致了解，除了少部分创意片外，一般剧情都遵循开端、发展、高潮、结局的内容架构，在剧情框架的基础上加入中心思想、主题风格、导演意向、剪辑创意等元素。

即学即练

判断：故事类短视频的剪辑可以根据自己喜好随意发挥。

四、视频剪辑的主要工作

一般来说，短视频剪辑的主要工作有如图 5-2 所示的几项。

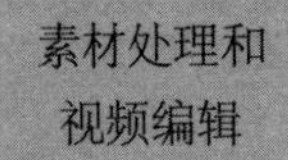

剪辑师要初步整理所有的拍摄素材，先把自己可能需要的片段截取出来，然后按要求和脚本，以突出某主题内容为目的进行剪辑制作、增加或删减片段

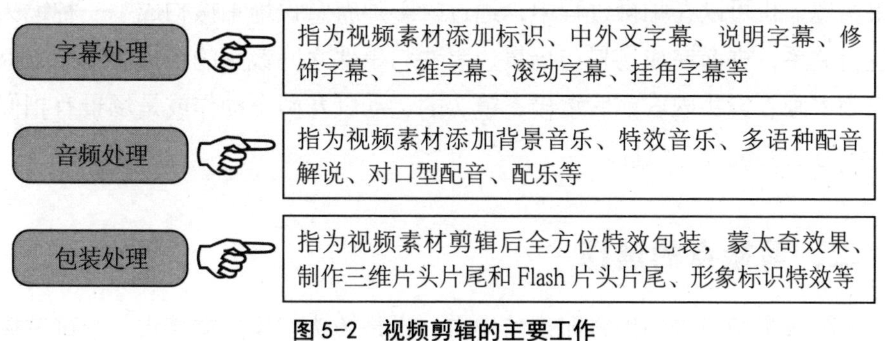

图 5-2 视频剪辑的主要工作

第二节 短视频剪辑技巧

即学即练 **短视频剪辑的主要工作内容及处理技巧。**

短视频后期剪辑是短视频制作中的一个关键环节，它不只是把某个视频素材剪辑成多个片段，更重要的是如何把这些片段更好地整合在一起，以便更加准确地突出短视频的主题，让短视频结构严谨、风格鲜明。

一、镜头组接

镜头组接指的是两个镜头拍摄的画面有逻辑性、有连贯性、有创意性和有规律性地连接在一起，展示情节内容。

在短视频后期编辑过程中，创作者可以利用相关软件和技术，在需要组接的镜头画面之间使用编辑技巧，使镜头之间的转换更为流畅、平滑，并制作一些直接组接无法实现的视觉及心理效果。镜头组接可以借助剪辑软件自带转场效果实现，也可以在拍摄过程中，通过摄影师有意识地拍摄构成了一种镜头间的逻辑关系，进而完成场景与场景、事件与事件之间镜头的组接。比如拍摄人物出画入画、镜头内容前后承接、镜头的运动以及两个动作或是场景有相似的地方等方法实现镜头组接。

二、剪接点的选择

两个镜头相衔接的地方即是剪接点，也是镜头切换的交接点。准确掌握镜头的剪接点能保证镜头切换流畅，因此，剪接点的选择是视频剪辑最重要最基础的工作。

1. 动作剪接点

动作剪接点主要以人物形体动作为基础，以画面情绪和叙事节奏为依据，结合日常生活经验进行选择。对于运动中的物体，剪接点通常要安排在动作正在发生的过程中。在具体操作中，则需要找出动作中的临界点、转折点和“暂停处”作为剪接点。

2. 情绪剪接点

情绪剪接点主要以心理动作为基础，以表情为依据，结合造型元素进行选取。具体来说，在选取情绪的剪接点时，需要根据情节的发展、人物内心活动以及镜头长度等因素，把握人物的喜、怒、哀、乐等情绪，尽量选取情绪的高潮作为剪接点，为情绪表达留足空间。

3. 节奏剪接点

在选取画面节奏剪接点时，要综合考虑画面的戏剧情节、语言动作和造型特点等，选取固定画面快速切换可以产生强烈的节奏，也可以选取舒缓的镜头加以组合产生柔和、舒缓的节奏，同时还要使画面与声音相匹配，使内外统一，节奏感鲜明。

4. 声音剪接点

声音剪接点的选择以声音的特征为基础，根据内容的要求以及声音和画面的有机关系来处理镜头的衔接，它要求尽力保持声音的完整性和连贯性。声音剪接点主要包括对白的剪接点、音乐的剪接点和音效的剪接点三种。

课程思语

视频的剪辑需要按照剪辑思路完成素材的甄选，并找到最佳的剪辑点，进行素材的整合，期间对视频素材的取舍尤为重要。世间万物，皆不能永存，得失都不是关键，重要的是得之所得，失所该失，因得而失，因失而得，才能真正掌握取舍之钥。有位哲人说过：如果你不能成为大道，那就当一条小路；如果你不能成为太阳，那就当一颗星星，决定成败的不是尺寸的大小，而在于做一个最好的你。

即学即练

选择：动作剪接点要以什么为基础？

A. 人物形体动作　B. 心理动作　C. 戏剧情节

三、转场的方式及运用

1. 无技巧转场

无技巧转场是指通过镜头的自然过渡来实现前后两个场景的转换与衔接，强调视觉上的连续性。无技巧转场的思路产生于前期拍摄过程，并于后期剪辑阶段通过具体的镜头组接来完成。

2. 有技巧转场

有技巧转场是指在后期剪辑时借助剪辑软件提供的转场特效来实现转场。有技巧转场可以使观众明确意识到前后镜头之间与前后场景之间的间隔、转换和停顿，使镜头自然、流畅，并制作一些无技巧转场不能实现的视觉及心理效果。几乎所有的短视频编辑软件都自带许多出色的转场特效。

四、声音的处理

声音一般包含音量、音高、音色这三大特性，这些特性是我们在日常生活经验中所熟悉的。

1. 短视频中声音的类型

现实生活中，声音可以分为人声、自然音响和音乐。短视频作品的创作源于生活，因而短视频的声音也有如图 5-3 所示的三种表现形式。

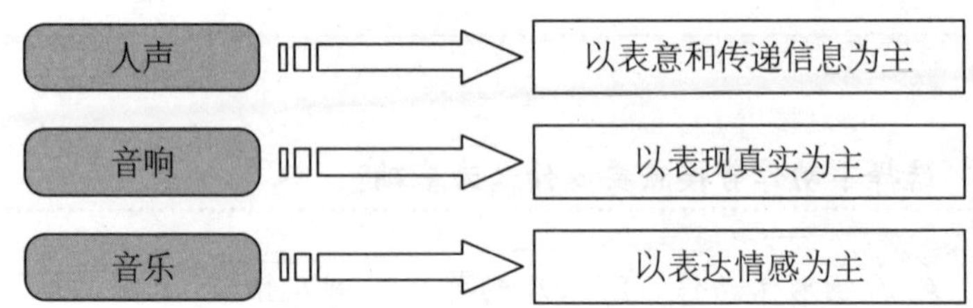

图 5-3 短视频声音的表现形式

以上三种声音功能各异，在短视频作品中，它们虽然形态不同，但相互联系、相互融合，共同构筑起完整的短视频声音空间。

2. 声音的录制与剪辑方式

由于声音录制方式的不同，声音剪辑方式也不相同，具体如图 5-4 所示。

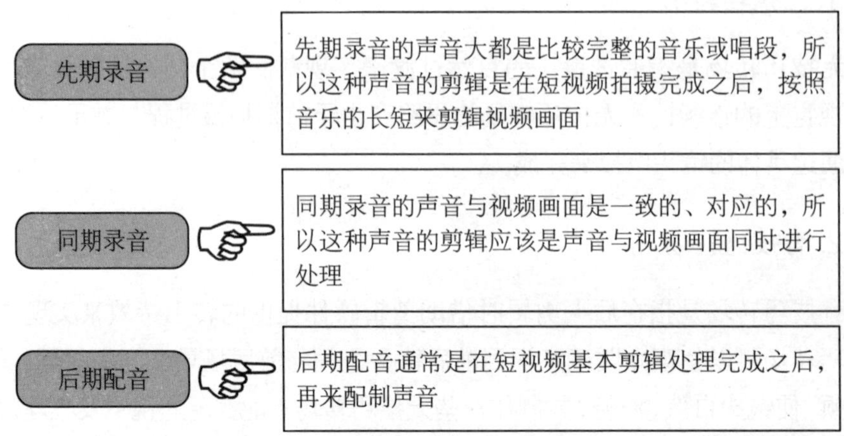

图 5-4 声音的录制与剪辑方式

3. 短视频音乐的选择

完成短视频的编辑处理后，为短视频添加音乐是大部分创作者都比较头痛的事，因为音乐的选择是一件很主观的事情，它需要创作者根据视频的内容主旨、整体节奏来选择，没有固定的标准。一般来说，在为短视频选择音乐时，可参考如图 5-5 所示的要点。

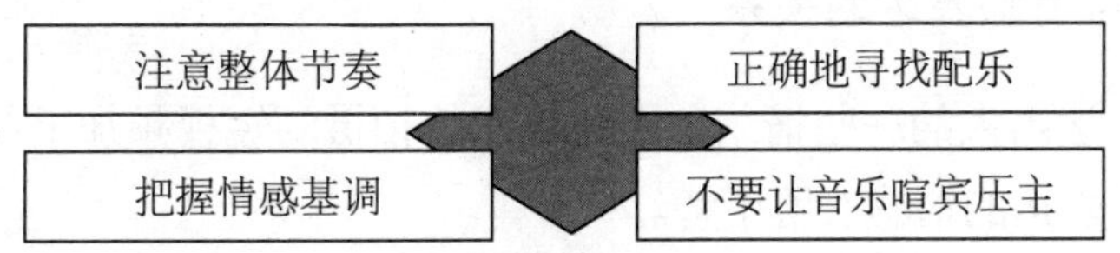

图 5-5　短视频音乐的选择技巧

五、短视频节奏处理

1. 短视频节奏分类

短视频节奏包括内部节奏和外部节奏，是叙事性内在节奏和造型性外在节奏的有机统一，两者的高度融合构成短视频作品的总节奏。

2. 短视频节奏剪辑技巧

在短视频的后期编辑处理中，剪辑节奏对总节奏的最后形成起着关键作用。所谓的剪辑节奏是指运用剪辑手段，对短视频作品中镜头的长短、数量、顺序进行有规律的安排所形成的节奏。创作者可参考如图 5-6 所示的技巧来处理短视频的节奏。

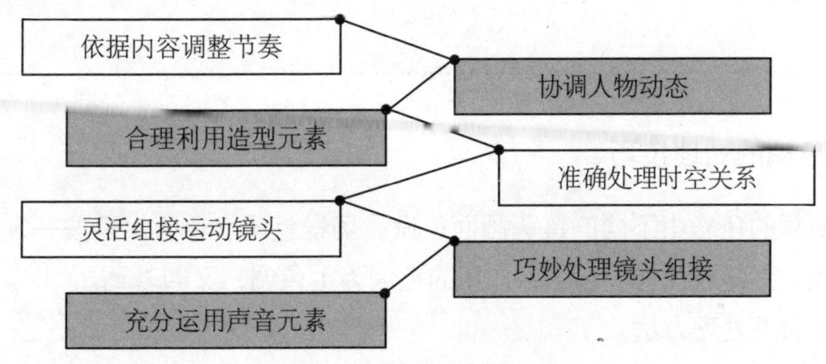

图 5-6　短视频节奏剪辑技巧

六、短视频色调处理

色彩可以对人们形成一种刺激，它的效果不仅存在于视觉上，而且会对心理上造成一定影响。所以相应的色彩融入短视频中，无形中会增强所拍摄短视频画面的表现力和感染力，人们在观看短视频时更容易融入其中。

1. 色彩与情感表达的关系

色彩会传达出人的一些情绪，因此要想给拍摄的短视频加上灵魂，就一定要对色彩所能表达的情感有所了解。

想要表现压抑、苦闷、恐惧的情绪一般可以用冷色调。冷色调更能营造出一种肃杀感，一般在悬疑恐惧的视频中出现的次数较多。暖色调比较适合表现神秘的气氛，比如寂静的黑夜中有一盏灯，这样的画面融入暖色调后，会让画面有一种反差，显得神秘诡异。而饱和色调可以让场景更加奇幻，比如电影中关于一些梦境、幻境时的画面，颜色都比较鲜亮，如正红色、正橘色等。和现实画面分离开，更有一种冲击力。

还有一些相似的颜色，也具有这样的感觉。

比如，黑白色让人怀旧；红色让人感到温暖热情；蓝色可以让人获得一种旁观者的感觉，更客观冷静。

即学即练 **提问：在调色时，为了表现压抑、苦闷、恐惧的情绪一般使用什么色调？**

2. 色调的处理技巧

短视频的色彩由不同的镜头画面色调、场景色调、色彩主题按一定的布局比例构成，占绝对优势、起主宰作用的色调为主色调，又叫基调。

（1）自然处理方法。

这种方法主要是追求色彩的准确还原，而色彩、色调的表现任务处于次要地位。在拍摄过程中，先选择正常的色温开关，再通过调整白平衡来获得真实的色彩或色调。

（2）艺术处理方法。

任何一部短视频作品，总会有一种与主题相对应的总的色彩基调。色调的表现既可以是明快、温情的基调，也可以是平淡、素雅的基调，还可能是悲情、压抑的基调。色调与色彩一样，具有象征性和寓意性。色调的确定取决于短视频题材、内容、主题的需要，色调处理是否适当，对作品的主题揭示、人物情绪表达有着直接的影响。

七、短视频字幕处理

1. 字幕的作用

字幕可以帮助人们更好地接收视频信息。给短视频添加字幕，可起到如图 5-7 所示的作用。

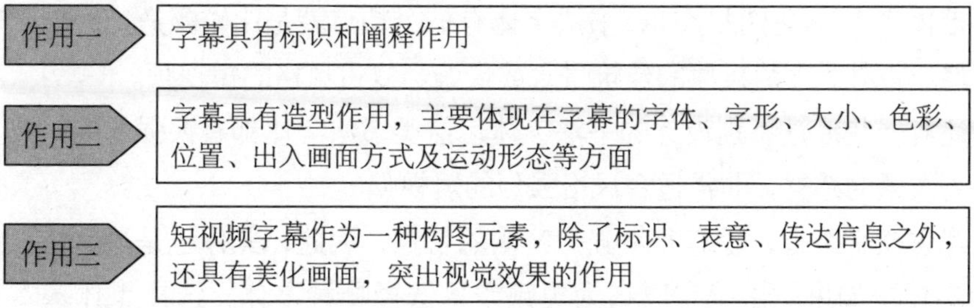

作用一　字幕具有标识和阐释作用

作用二　字幕具有造型作用，主要体现在字幕的字体、字形、大小、色彩、位置、出入画面方式及运动形态等方面

作用三　短视频字幕作为一种构图元素，除了标识、表意、传达信息之外，还具有美化画面，突出视觉效果的作用

图 5-7　字幕的作用

2. 字幕制作要点

字幕制作要点如图 5-8 所示。

即字幕尽量避免出现错别字、漏字、多字等情况，因为字幕的准确度如何是直接反映出制作者的视频制作水平的，同时错别字也会对观众的视觉体验带来较大的负面影响

图 5-8

字幕的描述是否和视频呈现的内容一致，是否和视频中的声音一致。换言之，字幕与视频内容、音频内容的一致性也是短视频制作的重要要点之一

字幕的样式、位置、颜色、大小等都需要制作者格外注意，比如字幕的颜色需要和视频内容中的颜色区别开，同时也要避免遮挡视频中的重要内容

图 5-8　字幕制作要点

3. 如何为短视频选择合适的字体

字幕形式的设计，要根据短视频的定位、题材、内容、风格样式来确定。

（1）常用中文字体的选择。

常用的中文字体主要有宋体、楷体、黑体等。

宋体棱角分明，一笔一画非常平直，横细竖粗，适合偏纪实或风格比较硬朗、比较酷的短视频，例如纪录类、时尚类或文艺类等。

楷体属于一种书法字体，书法字体有一个特点就是比较飘逸，大楷比较适合庄严、古朴、气势雄厚的建筑景观或传统、复古风格的短视频。

还有一些经过特别设计的书法字体，这类书法字体都有很强的笔触感，很有挥毫泼墨的感觉，非常适合风格强烈的短视频。

黑体横平竖直，没有非常强烈鲜明的特点，因此，黑体也是最百搭、最通用的字体。如果无法确定应该为短频字幕选择哪种字体，选择黑体基本不会出错。

（2）常用英文字体的选择。

英文字体可以分为衬线字体和无衬线字体。

衬线字体的每一个字母在文字笔画开始、结束的地方都有额外的修饰，笔画粗细会有差异，使字体表现出一种优雅的感觉，适合表现复古、时尚、小清新风格的短视频。

无衬线字体是相对于有衬线字体而言的，无衬线字体就是指在字体的每一个笔画结构上都保持一样的粗细比例，没有任何修饰。与有衬线字体相比，无衬线字体显得更为简洁、富有力度，给人一种轻松、休闲的感觉。无衬线字体很百搭，比较适合冷色调或未来感、设计感较强的短视频。

4. 字幕的排版与设计技巧

除非是短视频主题内容的需要，否则尽量不要使用装饰性太强的字体，初学者往往喜欢选择一些花哨的字体,但是越花哨的字体越容易产生“土”的感觉，要谨慎使用。

完成短视频字幕字体的选择之后，就需要考虑将字幕放置在短视频画面什么位置才好看的问题了。

第三节　短视频剪辑常用软件

现在的短视频剪辑软件有很多，移动端、PC 端的都有，下面简要介绍几款常用的短视频剪辑软件。

一、iMovie

iMovie 是一款由苹果公司出品的剪辑软件，支持 Mac 设备和 iOS 系统，界面非常简洁，大多数操作通过基本的点击和拖曳就可以实现（图 5-9）。iMovie 11 的新增功能包括影片预告、全新音频编辑、一步特效、人物查找器、运动与新闻主题、全球首映等。

图 5-9　iMovie 操作界面截图

无论是使用 iPhone、iPad 还是 Mac，制作影片都非常简单。只需选择视频片段，然后添加字幕、音乐和特效即可。还可借助魔幻影片或故事板，进一步打磨作品。同时，iMovie 剪辑支持 4K 视频，可制作令人震撼的影院级大片。

二、快剪辑

快剪辑是 360 公司推出的剪辑软件，支持 iOS、安卓设备。它有以下几大亮点。

（1）操作很简单，刚打开软件时还会有功能教程。导入视频素材后可以看到，无论是横屏还是竖屏素材，配比都很舒服，这款软件综合了拍摄、剪辑、后期特效等多重功能，能满足大部分的剪辑要求。

（2）有炫酷的“快字幕”功能，录视频时自动出现字幕，准确率高，个别不准确的词组可以自己编辑调整。

（3）集合了爱奇艺、优酷、今日头条、企鹅号等众多媒体视频平台，可轻松实现一键分享，推广视频内容。

三、Videoleap

Videoleap 是一款能够实现专业性与易用性一体的视频剪辑软件，从素材混合到蒙版、特效、字幕、色调调整、配乐、过场动画等，创作者可以发挥想象力去创作。Videoleap 支持 iOS、安卓、PC 端等设备。

四、Adobe Premiere Pro

Adobe Premiere Pro，简称 Pr，是 Adobe 公司开发的一款视频编辑软件，它有很多种版本，且兼容性较好，被广泛应用于广告制作、电视节目制作等场景中。它有以下几大优势。

（1）Premiere 提供了采集、剪辑、调色、美化音频、字幕添加、输出、DVD 刻录的一整套流程，它还能对视频素材进行各种特技处理，包括切换、过滤、叠加、运动及变形等。

（2）兼容性强，能和 Adobe 公司推出的其他软件相互协作，如 After Effects、Photoshop 等。

但是，Premiere也有局限性，因为专业度高，操作难度比较大，比较适合有剪辑经验的人员使用。

即学即练 **判断：Premiere可以和After Effects、Photoshop等软件相互协作。**

五、小影

VivaVideo（小影）是一个面向大众的短视频创作工具，集视频剪辑、教程玩法、拍摄为一体，具备逐帧剪辑、特效引擎、语音提取、4K高清、智能语音等功能，具有以下优势。

（1）全能：拥有所需要的剪辑功能。

（2）简单：一键滤镜、一键转场、一键美颜、一键分享各大主流社交平台。

（3）智能：音频随心提取，实时3D人脸特效。

（4）迅速:快速导出各种分辨率（720P/1080P/2K/4K），VIP会员不限时长。

六、剪映

抖音官方的剪辑软件，剪辑功能十分精致，有视频同框、快速录屏以及教程玩法等功能，卡点模板十分丰富，与抖音最火卡点模板同步更新，对新手友好。而且配乐功能十分完善，可以从抖音直接收藏最火音乐，还可以导入本地音乐，对剪辑“小白”很友好。比如长按选中视频就可以变换它所在的顺序，头尾可以轻松剪辑或在中间进行分割和卡点等操作。

自2021年2月起，剪映支持在手机移动端、Pad端、Mac计算机、Windows计算机全终端使用，具有以下优势。

（1）剪辑“黑科技”：支持色度抠图、曲线变速、视频防抖、图文成片等高阶功能。

（2）简单好用：切割变速倒放，功能简单易学，留下每个精彩瞬间。

（3）素材丰富：精致好看的贴纸和字体，给视频加点乐趣。

（4）海量曲库：抖音独家曲库，让视频更“声”动。

（5）高级好看：专业风格滤镜，一键轻松美颜，让生活一秒变大片。

（6）免费教程：创作学院提供海量课程免费学，边学边剪易上手。

七、爱剪辑

爱剪辑是一款全能的免费视频剪辑软件，支持 iOS、安卓、PC 端设备，用户不需要理解“时间线”等专业词汇就能实现零基础剪辑。除了丰富的滤镜功能、炫酷转场、MTV 字幕、去水印等功能外，爱剪辑官网还提供了强大的学习教程（图 5-10）。

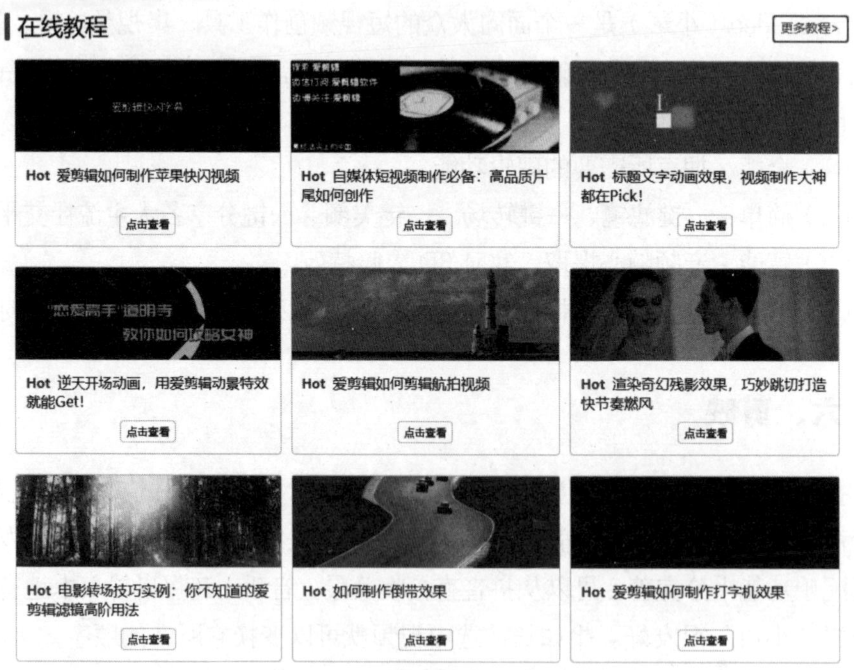

图 5-10　爱剪辑官网截图

即学即练

选择：以下哪个软件是抖音官方的剪辑软件？

A. 爱剪辑　B. 剪映　C. iMovie

知识拓展

爱剪辑快速剪辑视频实用教程

一、快速添加视频

添加视频主要有如下两种方法。

方法1：打开视频文件所在文件夹，将视频文件直接拖曳到爱剪辑“视频”选项卡即可。

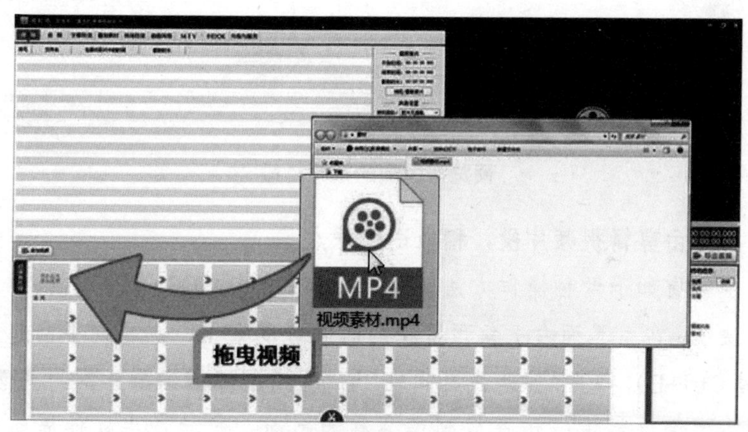

拖曳视频导入软件

方法2：在软件主界面顶部点击“视频”选项卡列表下方点击“添加视频”按钮，或者双击面板下方“已添加片段”列表的文字提示处，即可快速添加视频。使用这两种方法添加视频时，均可在弹出的文件选择框中对要添加的视频进行预览，然后选择导入即可。

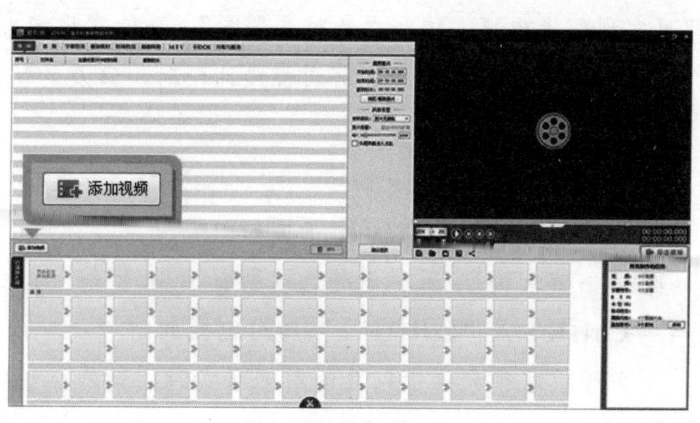

添加视频片段

预览待添加的视频片段

二、自由剪辑视频片段，精准逐帧踩点

此步骤有如下两种操作方法。

方法 1：在主界面右上角预览框的时间进度条上，点击向下凸起的箭头（快捷键 Ctrl+E），打开“创新式时间轴”面板，用鼠标拖到要分割的画面附近，通过上下方向键精准逐帧选取到要分割的画面，然后点击软件界面底部的剪刀图标（即“超级剪刀手”，快捷键 Ctrl+Q），将视频分割成两段。按此方法操作，将视频分割成多段，然后在“已添加片段”列表中用鼠标选中要删除片段的缩略图，点击片段缩略图右上角的叉，将不需要的片段删除，即可实现剪辑视频。结合“音频波形图”，还能实现精准踩点。

通过“创新式时间轴”剪辑视频片段时，涉及的快捷键如下。

“+”：放大时间轴。

“-”：缩小时间轴。

“上下方向键”：逐帧选取画面。

“左右方向键”：五秒微移选取画面。

“Ctrl+K”或“Ctrl+Q”：一键分割视频。

关于截取视频片段以及使用创新式时间轴的详细技巧，可查看如何截取视频片段。

一键分割剪辑视频

删除不需要的片段

创新式时间轴

方法 2：添加视频时，或双击底部“已添加片段”面板的片段缩略图，进入“预览 / 截取”对话框后，通过快捷键 Ctrl+E 调出时间轴，结合方法 1 选取需要的画面，点击该对话框“开始时间”和“结束时间”处带左箭头的拾取小按钮，快速拾取当前画面的开始时间和结束时间，可截取视频片段。该方法也可用于重新修改截取片段的时间点。

截取视频片段

三、添加音频

添加视频后，在“音频”面板点击“添加音频”按钮，在弹出的下拉框中，根据自己的需要选择“添加音效”或“添加背景音乐”，即可快速为要剪辑的视频配上背景音乐或相得益彰的音效。

同时，爱剪辑还支持提取视频的音频，作为台词或背景音乐，并可实时预览视频画面，方便快速提取视频某部分的声音（比如某句台词）。

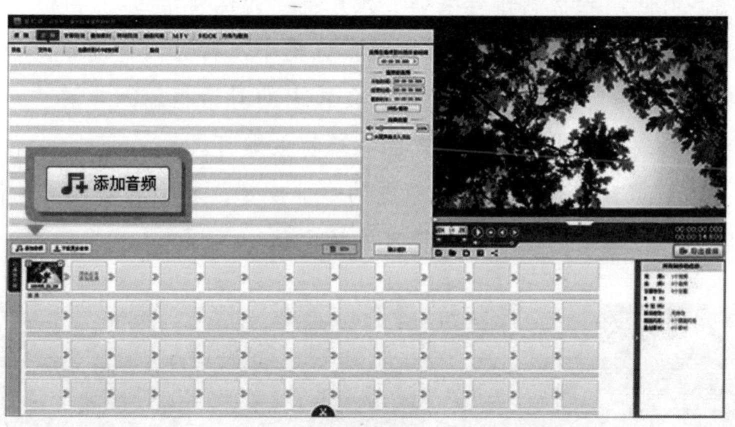

添加音频

截取音频片段

四、为视频添加字幕特效

剪辑视频时，我们可能需要为视频加字幕，使剪辑的视频表达情感或叙事更直接。爱剪辑除了为“爱粉”们提供不胜枚举的常见字幕特效，以及沙砾飞舞、火焰喷射、缤纷秋叶、水珠撞击、气泡飘过、墨迹扩散、风中音符等大量颇具特色的好莱坞高级特效类外，还能通过“特效参数”栏目的个性化设置，实现更多特色字幕特效，让“爱粉”们发挥创意不再受限于技能和时间，轻松制作好莱坞“大片范”的视频作品。

在“字幕特效”面板右上角视频预览框中，将时间进度条定位到要添加字幕的时间点，双击视频预览框，在弹出的对话框输入字幕内容，然后在左侧字幕特效列表中，应用喜欢的字幕特效即可。

此外，爱剪辑自带各类效果精美的专业字库，我们只需在“字体设置”栏目的字体下拉菜单中，即可选择喜欢的字体。

为视频加字幕

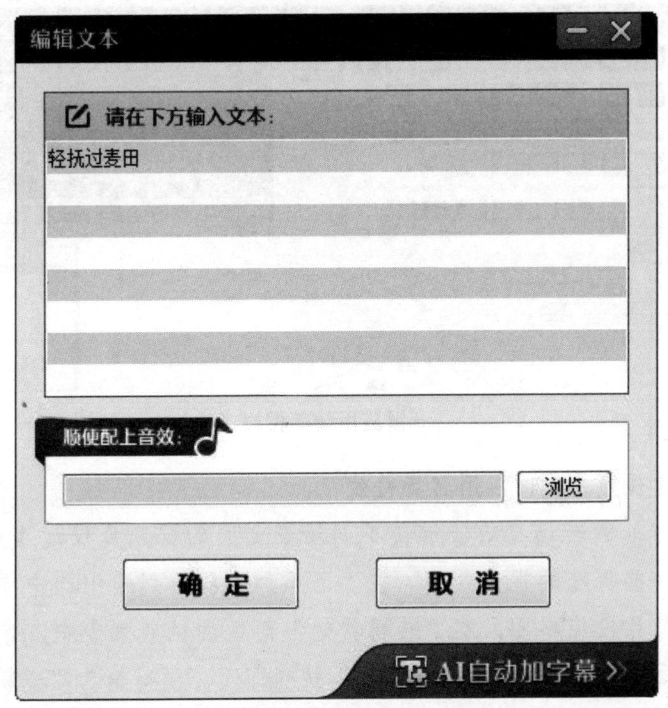

输入字幕内容

五、为视频叠加相框、贴图或去水印

爱剪辑的“叠加素材”功能分为三栏：“加贴图”“加相框”“去水印”。

加贴图：贴图即我们在《爸爸去哪儿》《Running Man》等许多综艺节目以及各类“吐槽”视频、点评视频等中看到的滴汗、乌鸦飞过、省略号、大哭、头顶黑气等有趣的元素。当然，爱剪辑为“爱粉”们提供了更多想象不到的贴图素材，以及各种一键应用的特效，使“爱粉”们制作个性化的视频更加简单。

加相框：相框的含义无需赘言。不过爱剪辑为“爱粉”们提供了众多风格迥异、精致漂亮的相框，只要一键应用即可，尤需美术功底、无需专门制作。

去水印：爱剪辑为爱粉们提供了所见即所得的多种去水印方式，让去水印去得更加简单和干净。

创作者根据自己的需要，可在“叠加素材”面板应用恰当的功能，使得我们剪辑的视频更具美感、趣味性。

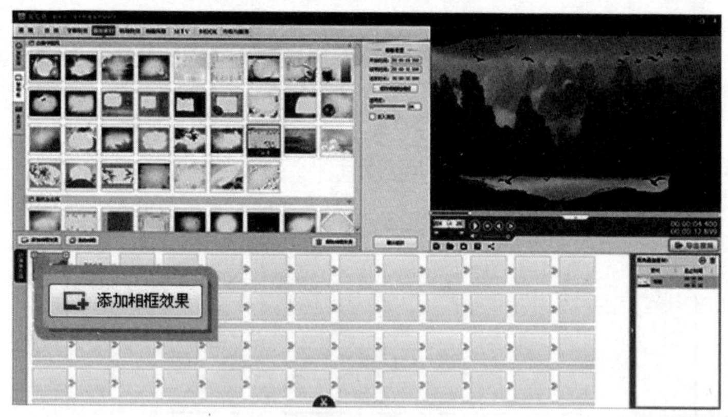

一键应用精美相框

六、为视频片段间应用转场特效

恰到好处的转场特效能够使不同场景之间的视频片段过渡更加自然，并能实现一些特殊的视觉效果。在“已添加片段”列表中选中要应用转场特效的视频片段缩略图，在“转场特效”面板的特效列表中，选中要应用的转场特效，然后点击“应用 / 修改”按钮即可。爱剪辑为“爱粉”们提供了数百种转场特效，使得“爱粉”们剪辑视频发挥创意更加自由。而一些常见的视频剪辑效果，在爱剪辑中一键应用即可实现。譬如，我们通常所说的“闪白”“闪黑”“叠化”，对应在爱剪辑的转场特效列表中则为：“变亮式淡入淡出”“变暗式淡入淡出”“透明式淡入淡出”，只需一键应用，即可实现这些常见的效果。

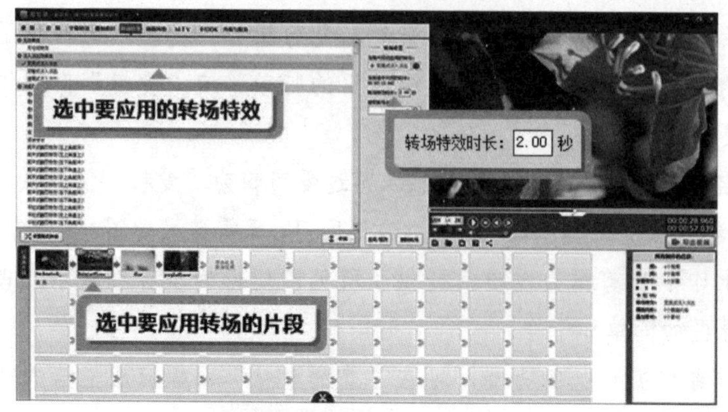

在视频片段间应用转场特效

七、通过画面风格令制作的视频具有与众不同的视觉效果

画面风格包括“画面调整”“美颜”“人像调色”“炫光特效”“画面色调”“常用效果”“好莱坞动景特效”“新奇创意效果”“镜头视觉效果”“仿真艺术之妙”“包罗万象的画风”等。通过巧妙地应用画面风格，能够使我们制作的视频更具美感和个性化，还能拥有独特的视觉效果。

在“画面风格”面板的画面风格列表中选中需要应用的画面风格，在画面风格列表左下方点击“添加风格效果”按钮，在弹出框中选择“为当前片段添加风格”（选择此项时，请确保已在底部“已添加片段”列表，选中要为其应用画面风格的视频片段缩略图）或“指定时间段添加风格”即可。

“画面风格”的“水中倒影”效果

八、为剪辑的视频添加MTV字幕或卡拉OK字幕

如果剪辑的是一个MV视频，我们还需要为视频添加MTV字幕或卡

拉 OK 字幕。这在爱剪辑中非常简单，只需一键导入音乐匹配的 LRC 或 KSC 歌词文件即可。如果下载的 LRC 或 KSC 歌词文件货不匹配，还可以在“MTV”或“卡拉 OK”选项卡的“特效参数”栏目，通过“设置歌词时间”功能进一步调整。不仅如此，爱剪辑自带了大量琳琅满目的炫目特效，使“爱粉”们不仅从传统的手工打点输入制作字幕的繁杂操作中解放出来，还能更简单快速地制作酷炫字幕特效。

在“MTV”或“卡拉 OK”选项卡歌词列表左下角，点击“导入 LRC 歌词”按钮或“导入 KSC 歌词”按钮即可。

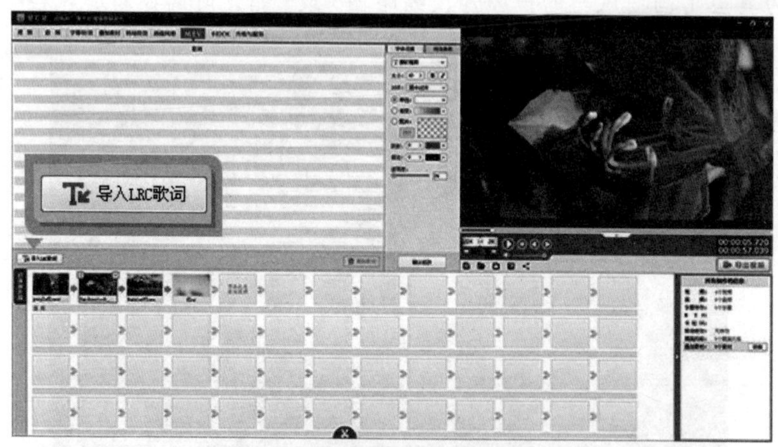

为视频一键应用 MTV 字幕特效

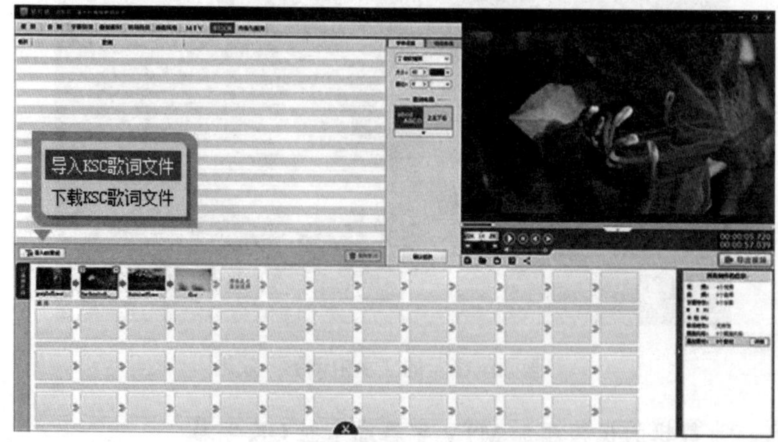

为视频一键应用卡拉 OK 字幕特效

九、保存所有的设置

在剪辑视频过程中，我们可能需要中途停止，下次再进行视频剪辑，或以后对视频剪辑设置进行修改。此时我们只需在视频预览框左下角点击“保存所有设置”（快捷键 Ctrl+S）的保存按钮，将我们的所有设置保存为后缀名为 .mep 的工程文件，下次通过“保存所有设置”按钮旁的“打开已有制作”的打开按钮，加载保存好的 .mep 文件，即可继续视频剪辑，或在此基础上修改视频剪辑设置。这里介绍两个小技巧。

（1）点击“保存所有设置”按钮时，同时按住“Shift”键，可将当前所有设置另存为新的 .mep 工程文件。同时，以后点击“保存所有设置”按钮，将会将设置保存到新的 .mep 工程文件。

（2）点击“保存所有设置”按钮时，同时按住“Shift+Alt”键，可将当前所有设置另存为新的 .mep 工程文件。而以后点击“保存所有设置”按钮，设置将同样保存到原 .mep 工程文件。

十、便捷的菜单功能

此外，爱剪辑还有各种便捷的菜单功能，包括片段缩略图、字幕编辑框、贴图编辑框等。以片段缩略图菜单为例，选中要修改的片段缩略图，点击左上角的菜单。

（1）复制多一份（快捷键 Ctrl+C）：快速将当前片段复制，制作鬼畜效果。

（2）消除原片声音（快捷键 Ctrl+W）：快速消除当前片段的声音。

（3）AI 自动加字幕：通过人工智能（AI）技术去识别视频或音频里的人声内容（包括多人对白的内容），并自动生成同步字幕。

（4）向左旋转画面（快捷键 Ctrl+[）：快速向左旋转画面，可连续选择此项，直到旋转到满意的角度。

（5）向右旋转画面（快捷键 Ctrl+]）：快速向右旋转画面，可连续选择此项，直到旋转到满意的角度。

（6）生成逐帧副本（快捷键 Ctrl+F）：众所周知，目前世界上（不只是国内），可能没有比爱剪辑支持视频与音频格式更多的视频剪辑软件，但由于目前网络上存在诸多编码错误、兼容低的视频文件，当原视频由于本身制作问题，影响剪辑时，可通过该功能尝试对原视频文件进行修复。

（7）生成倒放副本：实现倒带功能。

（8）提取音频为 mp3：提取视频的音频并保存为 mp3 格式。

（9）提取音频为 wav：提取视频的音频并保存为 wav 格式。

（10）媒体信息：快速查看当前片段的尺寸、比特率、编码等媒体信息。

十一、导出剪辑好的超高清视频

视频剪辑完毕后，点击视频预览框右下角的“导出视频”按钮即可。导出视频时，如果原片清晰度足够，记得选择导出 720P 或 1080P 的 MP4 格式，并参考视频网站的清晰度标准，设置合适的比特率，一般 720P 的 MP4 推荐设置到 3500kbit/s 以上最佳。

当然，如果“爱粉”们需要导出 2K 和 4K 超高清视频，那爱剪辑同样支持！并且爱剪辑还支持 H265/HEVC 全新一代超高清编码，让我们导出的 MP4 格式体积更小但画质更清晰。同时软件还支持导出前卫的 10bit 视频编码格式，让“爱粉”们轻松打造超炫彩视频！

如果“爱粉”们使用的是主流硬件配置，那导出视频时，还可勾选“硬件加速导出”，爱剪辑支持主流硬件加速编码方案，让我们导出视频的速度突飞猛进！

调整完毕，我们只需静待片刻，一个由你亲手制作的、令人赞叹的作品就出炉了。

导出剪辑好的视频

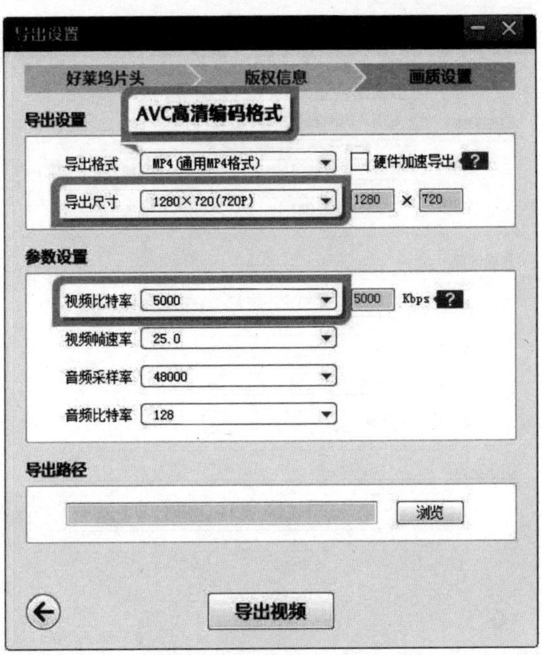

一键选择导出高清视频

一键选择导出 4K 视频并支持 HEVC 超高清编码

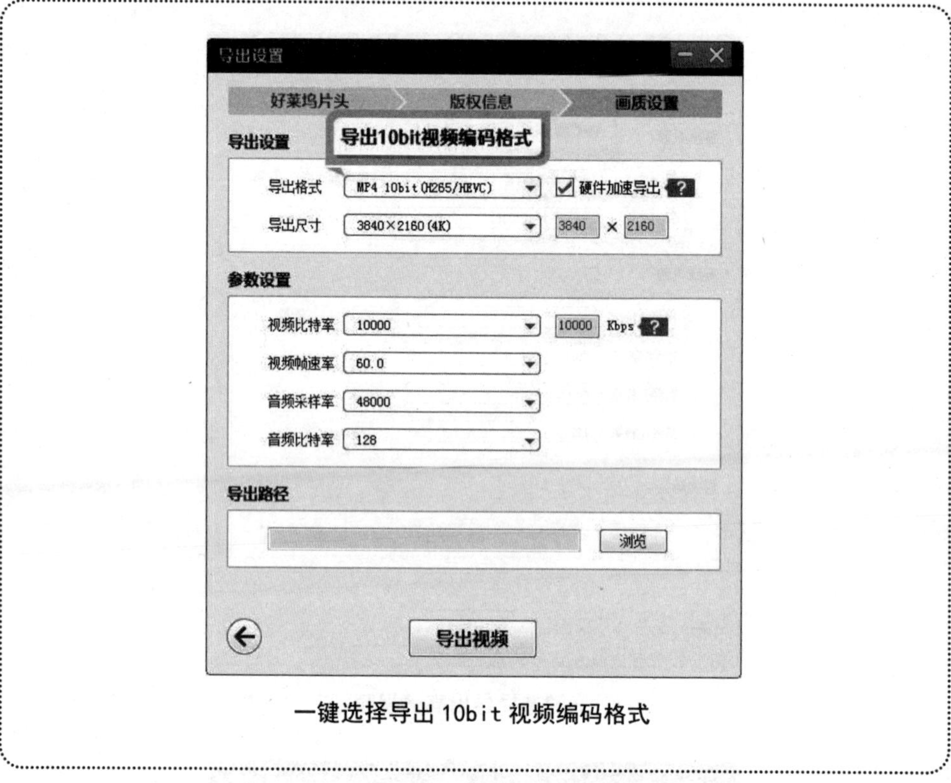

一键选择导出 10bit 视频编码格式

参考文献

[1] 王小亦 . 短视频文案 [M]. 北京 ：化学工业出版社，2022.

[2] 龙飞 . 剪映短视频剪辑从入门到精通 [M]. 北京 ：化学工业出版社，2021.

[3] 网红校长 . 短视频流量密码 [M]. 北京 ：中国友谊出版公司，2022.

[4] 吕白 . 人人都能做出爆款短视频 [M]. 北京 ：机械工业出版社，2020.

[5] 诺思星商学院，李新星，皇甫永超，等 . 短视频引流与盈利 [M]. 北京 ：化学工业出版社，2021.

[6] 罗建明 . 零基础玩转短视频 [M]. 北京 ：化学工业出版社，2021.

[7] 卷毛佟 . 拍好短视频 一部 iPhone 就够了 [M]. 北京 ：人民邮电出版社，2022.

[8] 徐浪 . 抖音短视频吸粉、引流、变现全攻略 [M]. 北京：民主与建设出版社，2021.

[9] 刘川 . Vlog 短视频创作从新手到高手 [M]. 北京 ：清华大学出版社，2022.

[10] 创锐设计 . 短视频爆品制作从入门到精通 [M]. 北京 ：中国广播影视出版社，2021.

[11] 蔡勤，刘福珍，李明 . 短视频 ：策划、制作与运营 [M]. 北京 ：人民邮电出版社，2021.

[12] 六六 . 短视频其实很简单 [M]. 北京 ：人民邮电出版社，2022.

[13] 邹鹏程（千道）. 短视频直播电商实战 [M]. 北京 ：人民邮电出版社，2021.

[14] 郑志强 . 手机短视频拍摄与剪辑零基础入门教程 [M]. 北京 ：人民邮电出版社，2022.

[15] 雷波 . 手机短视频拍摄、剪辑与运营变现从入门到精通 [M]. 北京 ：化学工业出版社，2021.

[16] 周英曲 . 短视频 + 直播 [M]. 北京 ：电子工业出版社，2021.

[17] 吕白 . 爆款抖音短视频 [M]. 北京 ：机械工业出版社，2021.

[18] 颜描锦 . 短视频入门 [M]. 北京 ：化学工业出版社，2021.

[19] 泽少 . 短视频自媒体运营从入门到精通 [M]. 北京 ：清华大学出版社，2021.

[20] 侯凤菊 . 短视频制作与营销全攻略 [M]. 北京 ：九州出版社，2022.

[21] 高军 . 短视频策划运营从入门到精通（108 招）[M]. 北京 ：清华大学出版社，2021.

[22] 王冠，王翎子，罗蓓蓓．网络视频拍摄与制作 [M]. 北京：人民邮电出版社，2020.
[23] 刘庆振，安琪．短视频制作全能一本通 [M]. 北京：人民邮电出版社，2010.
[24] 李朝辉，程兆兆，郝倩．短视频营销与运营（视频指导版）[M]. 北京：人民邮电出版社，2021.
[25] 刘映春，曹振华．短视频制作（全彩慕课版）[M]. 北京：人民邮电出版社，2022.
[26] 王进王，慧勤．短视频运营实务（慕课版）[M]. 北京：人民邮电出版社，2022.